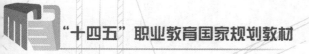

"十四五"职业教育国家规划教材

职业教育机电类
系列教材

机械制图与 CAD

AR版 | 附微课视频

U0191550

冯岩 / 主编

王美蓉 邹俊俊 / 副主编

ELECTROMECHANICAL

人民邮电出版社
北京

图书在版编目（CIP）数据

机械制图与CAD：AR版：附微课视频 / 冯岩主编
. —— 北京：人民邮电出版社，2021.2（2024.7重印）
职业教育机电类系列教材
ISBN 978-7-115-54746-0

Ⅰ. ①机… Ⅱ. ①冯… Ⅲ. ①机械制图—AutoCAD软
件—高等职业教育—教材 Ⅳ. ①TH126

中国版本图书馆CIP数据核字(2020)第160455号

内 容 提 要

本书根据职业教育的特点，强调绘图、读图和计算机软件绘图基本能力的培养。本书共分为八个学习情境，主要内容包括：图样基础；投影法的基本知识，基本几何元素——点、直线和平面的投影，基本体的投影，轴测投影；截交线和相贯线；组合体投影；机件的表达方法；标准件和常用件；零件图；装配图。本书将正投影理论与立体投影相结合，从三维几何体上的直线和平面入手来研究直线和平面的投影特点。在组合体的投影中强调线面分析法和形体分析法的应用。在零件图和装配图部分，引入铁路客车转向架相关零部件的图纸，以增强学生对行业的进一步认识。为了便于学生学习，编者们花了大量时间绘制了很多三维图模型，将三维图模型图片配置在书中的相关情境处。

本书中的计算机绘图部分采用的是应用比较广泛的 AutoCAD 软件绘图内容，并且和机械制图内容做了有机的融合，将 AutoCAD 绘图基础知识融入相关的教学情境中进行教学。在绘图案例中介绍 AutoCAD 的绘图命令和绘图技巧，体现了手工绘图是基础、计算机绘图软件是工具的基本理念。这样的教学设计与企业工程技术人员的绘图过程是一致的，更适用于职业教育改革的发展方向和应用型人才的培养目标。

本书可作为职业院校机械类、近机械类、强电类专业"机械制图与 CAD（计算机绘图）"相关课程的教材，也可供相关技术人员参考。本书配套的《机械制图与 CAD 习题集》由人民邮电出版社同时出版，可供读者配套使用。

◆ 主　编　冯　岩
　　副主编　王美蓉　邹俊俊
　　责任编辑　王丽美
　　责任印制　彭志环
◆ 人民邮电出版社出版发行　　北京市丰台区成寿寺路 11 号
　　邮编　100164　电子邮件　315@ptpress.com.cn
　　网址　https://www.ptpress.com.cn
　　三河市君旺印务有限公司印刷
◆ 开本：787×1092　1/16
　　印张：13.75　　　　　　　　　2021 年 2 月第 1 版
　　字数：335 千字　　　　　　　2024 年 7 月河北第 16 次印刷

定价：49.80 元

读者服务热线：(010)81055256　印装质量热线：(010)81055316
反盗版热线：(010)81055315
广告经营许可证：京东市监广登字 20170147 号

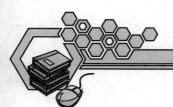

前　言

职业教育是以培养技术实用型人才为目标的。党的二十大报告指出，"深入实施人才强国战略。培养造就大批德才兼备的高素质人才，是国家和民族长远发展大计"。本书根据职业教育改革发展方向和高端技能型人才的培养目标，从职业教育的特点出发，着重培养学生的绘图、读图、CAD 绘图能力和空间想象力。本书在编者总结的多年教学改革和研究实践经验的基础上，力求理论联系实际，内容精练，层次分明，图文并茂，作图步骤完整，表达清晰，符合学习者的认知规律，便于教学和自学。

本书根据当前我国多数职业院校专业计划结合本课程总课时日趋减少的实际情况来精选和更新教学内容。对于画法几何内容仅做了必要的介绍，注重组合体的画图、读图能力的培养。除了理论介绍以外，还有大量典型实例，以帮助学生及时巩固知识点。本书还根据时代要求融入思政元素，每个学习情境中增加了"教书育人"的模块。

为了提高教学效率，本书配有多媒体课件。同时与相关软件公司合作，采用了先进的 AR 技术，使学生在全面了解基本知识的基础上，能够利用手机等移动终端通过扫描二维码进行自主学习，使本来静态的图形和文字变成动态的影像，极大提高本书的使用效果，激发了学生的学习兴趣。读者登录人邮教育社区（www.ryjiaoyu.com），搜索本书的书名或书号，找到"App 下载"二维码，下载 App 后，可直接扫描书中带有"AR"小图标的图片。本书还针对重要的知识点配套了动画资源，以二维码的形式嵌入书中相应位置。读者可通过手机等移动终端扫描书中二维码观看学习。

本书采用最新颁布的《技术制图》和《机械制图》等国家标准。本书除绪论、附录外，共有八个学习情境，并且配套编写了一本《机械制图与 CAD 习题集》。

本书由冯岩担任主编，王美蓉和邹俊俊担任副主编，参加编写工作的还有张佩、卫海、周海霞、樊亚玲。其中，学习情境一、学习情境四、学习情境八由冯岩编写；学习情境二中的模块一和模块二由周海霞编写；学习情境二中的模块三和模块四及学习情境三由王美蓉编写；学习情境五由邹俊俊编写；学习情境六由卫海编写；学习情境七中的模块一由张佩编写；学习情境七中模块二由樊亚玲编写。

本书在编写过程中，参考了一些同行专家编写的教材以及相关资料和文献等，在此向有关作者表示诚挚的感谢。

由于编者水平有限，书中难免有疏漏之处，恳请大家批评指正。

编者

2023 年 5 月

目　录

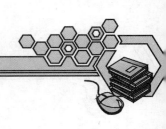

绪论

一、本课程的研究对象及作用

根据投影原理、标准和相关规定表示工程对象形状、大小和技术要求的图被称为图样。在现代工业生产中，各种机器设备和工程设施都需要通过图样来表达设计意图，并根据图样来进行生产和技术交流，所以图样素有"工程界共同的技术语言"之称。不同行业的图样，所表达的对象类型不同，也有不同的相关规定，本书研究的主要是机械图样。机械制图就是研究机械图样的绘制、表达和阅读的一门学科。机械制图课程是工程技术人员必修的一门技术基础课程，它为后续技术专业课的学习奠定了必不可缺的基础。

随着计算机技术的普及和发展，计算机辅助绘图（CAD）得到越来越广泛的应用。计算机辅助绘图既可以通过掌握 AutoCAD 软件的绘图方法与技巧，以更好的质量和更快的速度绘制机械图样，又可以加强对图形文件的管理和保存。

二、本课程的学习任务

本课程的主要任务是培养学生基本的绘图和读图能力、工作空间想象能力和思维能力、计算机辅助绘图的能力，以及严谨的工作态度和一丝不苟的工作作风。其主要任务如下。

（1）学习机械制图的基本知识，掌握绘图基本技能。

（2）掌握投影法的基本原理和应用。

（3）学习国家标准《技术制图》和《机械制图》的相关规定。

（4）掌握用 AutoCAD 绘制二维图形的基本方法。

（5）学习绘制和阅读零件图及简单装配图的基本方法和步骤。

此外，在教学过程中，还要有意识地培养学生分析问题和解决问题的能力、主人翁意识和认真负责的工作态度，以及团队合作精神和团队管理能力，从而提高学生的综合素质和创新能力。

三、本课程的学习方法

本课程的特点是既有系统的理论知识，又具有很强的实践性。因此，对投影理论的理解与绘图、看图技能的训练要相辅相成，要理论联系实际。

（1）注意把物体的投影与物体的工作空间形状紧密结合，逐步提高工作空间想象能力和逻辑思维能力。

（2）注意正确使用绘图仪器，熟练掌握 AutoCAD 绘图方法，勤学多练，不断提高绘图技能和绘图速度。

（3）严格遵守《机械制图》《技术制图》《机械工程 CAD 制图规则》等国家标准进行绘图。

（4）认真独立完成作业和练习，做到图样正确、图线分明、字体工整、尺寸齐全、图面整洁美观。

学习情境一

图样基础

【情境概述】

机械图样是工业生产中的重要技术文件。国家标准《机械制图》与《技术制图》是我国基本技术标准之一，起着统一工程界"语言"的重要作用。在本学习情境中将学习《机械制图》与《技术制图》国家标准对图纸幅面与格式、比例、字体、图线和尺寸标注的有关规定，常用的绘图方法和几何作图方法，以及 AutoCAD 绘图软件的基本知识。

【学习目标】

- 掌握国家标准中关于图纸幅面、比例、图线、字体、尺寸注法等规定的基本内容；
- 掌握常用绘图工具的使用方法；
- 掌握常见几何图形的作图方法；
- 掌握平面图形的分析与绘制方法；
- 熟悉 AutoCAD 绘图环境，掌握基本二维绘图与编辑功能。

【教书育人】

通过介绍我国国家标准的制定推行过程，培养学生认真负责的工作态度、严谨细致的工作作风，养成严格遵守《技术制图》和《机械制图》国家标准有关规定的习惯。

【知识链接】

模块一 平面图形绘制

机械图样中的视图都是平面图形。绘制平面图形是绘制机械图样的基础。机械零件的轮廓形状是多种多样的，但在图样中表达其结构形状的图形都是由直线、圆弧和其他图线构成的平面图形。在绘制平面图形时，首先必须遵守制图国家标准的相关规定，以确保图样的规范性；其次要分析这些线段的尺寸和连接关系，确定正确的作图方法和步骤来绘制平面图形。

一、制图国家标准的基本规定

1. 图纸幅面与格式（GB/T 14689—2008）

（1）图纸幅面

图纸幅面指的是图纸宽度与长度组成的图面。绘制技术图样时，应根据所要表达的物体结构图的大小来选择图纸幅面，通常选用表 1-1 规定的基本幅面尺寸。必要时也可以按规定加长幅面。

表 1-1　　　　　　　　　　　　图纸基本幅面及图框尺寸　　　　　　　　　　　　（单位：mm）

幅面代号	A0	A1	A2	A3	A4
$B \times L$	841 × 1189	594 × 841	420 × 594	297 × 420	210 × 297
e	20			10	
c	10			5	
a	25				

基本幅面图纸中，A0 幅面为 $1m^2$，A1 图纸的面积是 A0 的一半，A2 图纸的面积是 A1 的一半，其余以此类推。

（2）图框格式

图纸必须用粗实线绘制出图框，其格式分为留有装订边和不留装订边两种，如图 1-1 所示，但同一产品的图样只能采用一种格式。基本幅面的图框及留边尺寸 a、c、e 等，按表 1-1 所示的规定绘制。

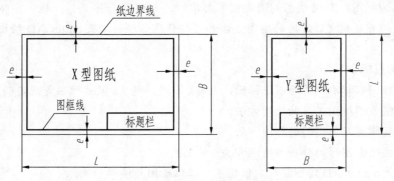

（a）不需要装订的图框格式

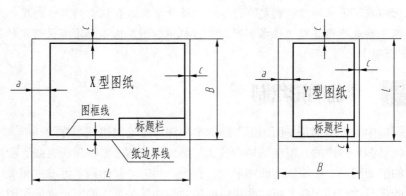

（b）需要装订的图框格式

图 1-1　图框格式与标题栏位置

（3）标题栏

每张图纸上都必须画出标题栏，其内容和格式详见《技术制图　标题栏》（GB/T 10609.1—2008）的规定。标题栏应位于图纸的右下角。为了简化作图，在制图作业中建议采用图 1-2 所示的简易标题栏格式。

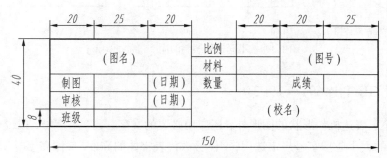

图 1-2　简易标题栏格式

当标题栏的长边置于水平方向并与图纸的长边平行时，则构成 X 型图纸；当标题栏的长边与图纸的长边垂直时，则构成 Y 型图纸。看图的方向要与看标题栏的方向一致。

2. 比例（GB/T 14690—1993）

比例是指图样中的图形与实物相应要素的线性尺寸之比。

需要按比例绘制图样时，应在表 1-2 所规定的系列中选取适当的比例。必要时，也允许选取表 1-3 中的比例。

表 1-2　　　　　　　　　比例（一）（GB/T 14690—1993）

种　类	比　　　例
原值比例	1:1
放大比例	5:1　2:1　$5 \times 10^n:1$　$2 \times 10^n:1$　$1 \times 10^n:1$
缩小比例	1:2　1:5　1:10　$1:2 \times 10^n$　$1:5 \times 10^n$　$1:1 \times 10^n$

注：n 为正整数。

表 1-3　　　　　　　　　比例（二）（GB/T 14690—1993）

种　类	比　　　例
放大比例	4:1　2.5:1　$4 \times 10^n:1$　$2.5 \times 10^n:1$
缩小比例	1:1.5　1:2.5　1:3　1:4　1:6　$1:1.5 \times 10^n$ $1:2.5 \times 10^n$　$1:3 \times 10^n$　$1:4 \times 10^n$　$1:6 \times 10^n$

注：n 为正整数。

图 1-3 所示为同一机件按不同比例绘制的情况。不论采用放大还是缩小比例，图样上的尺寸数值都应按机件的实际尺寸进行标注。

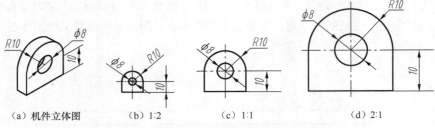

| (a)机件立体图 | (b)1:2 | (c)1:1 | (d)2:1 |

图1-3　按不同比例绘制的同一机件的图形

3. 字体（GB/T 14691—1993）

在图样中除了表达机件形状的图形外，还应用必要的文字、数字、字母，以说明机件的大小、技术要求等。字的大小应按字号规定选用，字体号数代表字体的高度。字体高度（h）尺寸为1.8mm、2.5mm、3.5mm、5mm、7mm、10mm、14mm、20mm，字体高度应按$\sqrt{2}$递增。

（1）汉字

图样上的汉字应采用长仿宋体字。写汉字时字高不能小于3.5mm，字宽一般为$h/\sqrt{2}$。长仿宋体汉字的特点是：横平竖直，起落有锋，粗细一致，结构匀称。

（2）字母和数字

在图样中，字母和数字可写成斜体或直体，斜体字字头向右倾斜，与水平基准线成75°。在技术文件中字母和数字一般写成斜体。字母和数字分A型和B型，B型的笔画宽度比A型宽。用作指数、分数、极限偏差、注脚的数字及字母一般应采用小一号字体。

字体示例见表1-4。

表1-4　　　　　　　　　　　　　字体示例

字体		示例
长仿宋体字	h号	字体工整笔画清楚间隔均匀排列整齐 0.1h ≈0.7h
	5号	字体工整笔画清楚间隔均匀排列整齐 0.5 3.5
拉丁字母	A型字体 大写斜体（7号）	ABCDEFGHIJKLMNOPQRSTUVWXYZ 3.5 1
	A型字体 小写斜体（7号）	abcdefghijklmnopqrstuvwxyz 3.5 1

续表

字　体		示　例
阿拉伯数字	A 型字体 斜体（7 号）	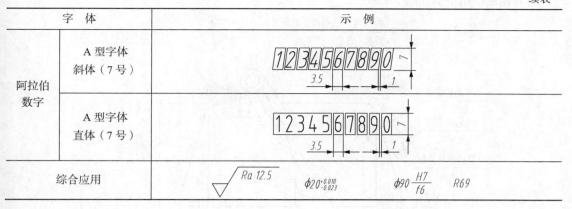
	A 型字体 直体（7 号）	
综合应用		$\sqrt{}$ Ra 12.5　　$\phi 20^{+0.010}_{-0.023}$　　$\phi 90\,\dfrac{H7}{f6}$　　R69

4．图线（GB/T 4457.4—2002）

图样中的图形是由各种图线构成的，国家标准《机械制图　图样画法　图线》（GB/T 4457.4—2002）对机械制图中常用的线型、线宽和一般应用做了规定，见表 1-5。

表 1-5　　　　　　　　　机械制图常用线型、线宽和一般应用

序号	图线名称	线型	线宽	一　般　应　用
1	细实线	———————	$d/2$	过渡线、尺寸线、尺寸界线、剖面线、重合断面的轮廓线、指引线、螺纹牙底线及辅助线等
2	波浪线	〜〜〜	$d/2$	断裂处的边界线；视图与剖视图的分界线
3	双折线	〜	$d/2$	断裂处的边界线；视图与剖视图的分界线
4	粗实线	———————	d	可见轮廓线；表示剖切面起讫的剖切符号
5	细虚线	- - - - -	$d/2$	不可见轮廓线
6	粗虚线	- - - - -	d	允许表面处理的表示线
7	细点画线	—·—·—	$d/2$	轴线、对称中心线、分度圆、孔系分布的中心线和剖切线等
8	粗点画线	—·—·—	d	限定范围表示线
9	细双点画线	—··—··—	$d/2$	相邻辅助零件的轮廓线、可动零件极限位置的轮廓线、轨迹线、中断线等

注：1. 表中线型的线段和间隔长度所注尺寸仅为参考值；

　　2. 以下把细虚线、细点画线、细双点画线简称为虚线、点画线、双点画线。

各种图线应用举例如图 1-4 所示。

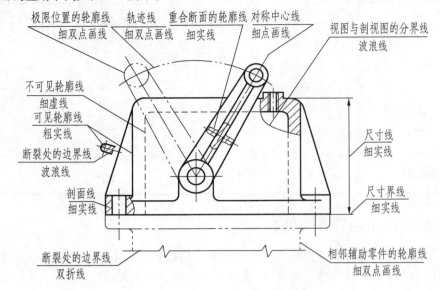

极限位置的轮廓线　　轨迹线　　重合断面的轮廓线　　对称中心线
细双点画线　　细双点画线　　细实线　　细点画线

视图与剖视图的分界线
波浪线

不可见轮廓线
细虚线
可见轮廓线
粗实线
断裂处的边界线
波浪线

剖面线
细实线

尺寸线
细实线

尺寸界线
细实线

断裂处的边界线
双折线

相邻辅助零件的轮廓线
细双点画线

图样中的线型

图 1-4　各种图线应用举例

在同一图样中，同类图线的宽度应基本保持一致；虚线、点画线、双点画线的线段长度和间隔，也应各自大致相等。

绘制图线时的注意事项可参阅表 1-6。

表 1-6　　　　　　　　　　　　　　　　　图线的画法

注 意 事 项	正确	错误
虚线或点画线与其他图线相交时，都应交于线段处，不应交于空隙处		

续表

注 意 事 项	正确	错误
当虚线为粗实线的延长线时，分界处应留有空隙		
绘制圆的中心线时，圆心应为线段的交点		
点画线的首末两端是线段，一般超出轮廓线 2～5mm。在较小的图形上绘制点画线有困难时，可用细实线代替	2～5　　2～5	

5. 尺寸注法（GB/T 4458.4—2003）

尺寸是图样的重要内容之一，是制造机件大小的直接依据。在图样上标注尺寸时，必须遵守国家标准中的有关规定。下面仅介绍国家标准中的一些基本内容，其余内容将在以后的内容中叙述。

（1）尺寸组成

图样上所标注的尺寸一般由尺寸界线、尺寸线、尺寸线终端、尺寸数字等要素组成，如图1-5所示。

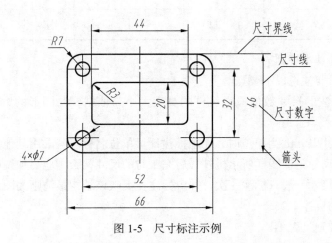

图 1-5　尺寸标注示例

① 尺寸界线。尺寸界线用细实线绘制，由图形的轮廓线、轴线或对称中心线处引出，也可利用轮廓线、轴线或对称中心线作尺寸界线。尺寸界线通常与尺寸线垂直，并超出尺寸线终端

2～3 mm。

② 尺寸线。尺寸线用细实线绘制。尺寸线必须单独画出，不能与图线重合或在其延长线上。

③ 尺寸线终端。尺寸线的终端有两种形式，即箭头或斜线，如图1-6所示。图中 d 为粗实线宽度，h 为尺寸数字高度。箭头适用于各种类型的图样，其画法如图1-6（a）所示；斜线用细实线绘制，其方向和画法如图1-6（b）所示。

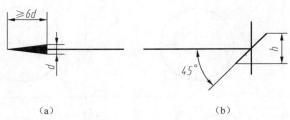

（a）   （b）

图1-6　尺寸线终端

④ 尺寸数字。线性尺寸的数字一般注写在尺寸线的上方或尺寸线的中断处，位置不够可引出标注。尺寸数字不可被任何图线通过，否则必须把图线断开。

国家标准中规定了一些注写在尺寸数字周围的标注尺寸的符号或缩写词，用以区分不同类型的尺寸。常用的符号和缩写词见表1-7。

表 1–7　　　　　　　　　　　　　　常用的符号和缩写词

名　称	符号或缩写词	名　称	符号或缩写词	名　称	符号或缩写词
直　径	ϕ	厚　度	t	沉孔或锪平	⊔
半　径	R	正方形	□	埋头孔	∨
球直径	$S\phi$	45°倒角	C	均　布	EQS
球半径	SR	深　度	↧	弧　长	⌒

（2）标注尺寸的基本规则

在标注尺寸时，要注意以下要点。

① 在图样上标注的尺寸数值应以机件的真实大小为依据，与图形的大小及绘图的准确度无关。

② 图样中的尺寸以 mm 为单位时，无须标注计量单位名称。若采用其他单位，则必须注明。

③ 图样中所注尺寸是该图样所示机件最后完工时的尺寸，否则应另加说明。

④ 机件的每一尺寸一般只标注一次，并应标注在反映该结构最清晰的图形上。

（3）常用尺寸的标注

常用尺寸标注规则见表1-8。

表1-8　　　　　　　　　　　　　　常用尺寸标注规则

标注内容	示　例	说　明
线性尺寸数字方向	（a）　（b）　　（c）　　（d）	方法一：尺寸数字应按图（a）所示方向注写，并尽可能避免在图示 30° 范围内标注尺寸，当无法避免时可按图（b）的形式标注； 方法二：在不致引起误解时，对于非水平方向的尺寸，其数字可水平地注写在尺寸线的中断处，如图（c）、图（d）所示。 同一张图样中，应尽可能采用同一种注法，一般应采用方法一
角度	（a）　　（b）	尺寸界线应沿径向引出，尺寸线画成圆弧，圆心是角的顶点。尺寸数字一律水平书写，一般注在尺寸线的中断处，如图（a）所示，必要时也可按图（b）的形式标出
圆、圆弧	（a）　（b）　（c）　（d）　（e）	圆的直径尺寸可按图（a）、图（b）标注；当圆弧的长度≤1/2圆时，圆弧的半径尺寸一般以图（d）、图（e）所示形式标注；当圆弧长度恰好为 1/2 圆时，一般标注半径尺寸，如图（c）所示，特殊情况下也可标注直径尺寸
大圆弧	（a）　　（b）	在图纸范围内无法标出圆心位置时，可按图（a）标注；不需标出圆心位置时，可按图（b）标注

续表

标注内容	示 例	说 明
小尺寸		当没有足够位置时，箭头可画在外面，或用小圆点代替两个箭头；尺寸数字也可写在外面或引出标注；圆和圆弧的小尺寸，可按下两排例图标注
球面	（a）　　　　　（b）　　　　　（c）	标注球面的尺寸，如图（a）、图（b）所示，应在 ϕ 或 R 前加注"S"；在不致引起误解时，则可省略，如图（c）所示 $R8$
弦长与弧长	（a）　　　　　　　（b）	标注弦长和弧长，尺寸界线应平行于弦的垂直平分线；标注弧长尺寸时，尺寸线用圆弧，并应在尺寸数字前方加注符号"⌒"，如图（b）所示
对称机件、板状机件		图中尺寸 64 和 84，它们的尺寸线应略超过对称中心线或断裂处的边界线，仅在尺寸线一端画出箭头。在对称中心线两端分别画出两条与其垂直的平行细实线（对称符号）；标注板状零件的尺寸时，在厚度的尺寸数字前加注符号"t"，如图中的 $t2$
正方形结构		如例图所示，标注机件的剖面为正方形结构的尺寸时，可在边长尺寸数字前加注符号"□"，或者用"12×12"代替"□12"

续表

标注内容	示　例	说　明
斜度和锥度	⟍ 1:4　　▷ 1:10	斜度和锥度可用例图中所示的方法标注，符号的方向应与斜度和锥度的方向一致；锥度也可注在轴线上
图线与数字	$\phi20$　　$\phi20$　$\phi10$　10　12	尺寸数字不可被任何图线通过。当尺寸数字无法避免被图线通过时，图线必须断开

二、绘图工具及其使用方法

正确使用绘图工具和仪器，能有效保证绘图质量，提高绘图效率。

1. 绘图铅笔

绘图时根据不同的使用要求，应准备各种不同硬度的铅笔，绘图用铅笔的铅芯分别用 B 和 H 表示其软硬程度。

（1）H 铅笔或 2H 铅笔适合画各种细线和画底稿，其硬度较高。

（2）HB 铅笔或 H 铅笔适合画箭头和写字。

（3）2B 铅笔或 B 铅笔适合画粗实线，其硬度较低。

画粗实线的铅笔铅芯磨削成宽度为 d（粗线宽，1～1.5mm）的四棱柱形，其余铅芯磨削成锥形，如图 1-7 所示。

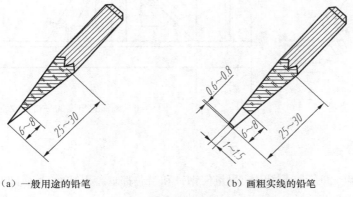

（a）一般用途的铅笔　　　　　（b）画粗实线的铅笔

图 1-7　铅笔的削法

2. 图板、丁字尺和三角板

图板是铺贴图纸用的，要求板面平滑光洁。丁字尺由尺头和尺身两部分组成，主要用来画水平线。画水平线时从左到右画，铅笔前后方向应与纸面垂直，并向画线前进方向倾斜约30°。图 1-8 所示为图板和丁字尺的用法。

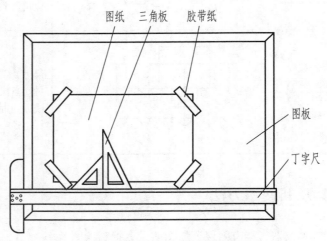

图 1-8　图板和丁字尺的用法

三角板分 45°、45° 和 30°、60° 两种，可配合丁字尺画铅垂线、15°倍角的斜线、任意角度的平行线或垂直线，如图 1-9 和图 1-10 所示。

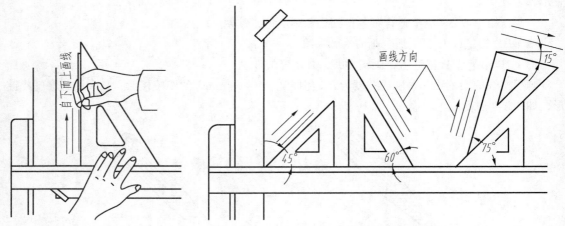

图 1-9　画铅垂线图　　　　　　　图 1-10　画任意角度的平行线或垂直线

3. 圆规和分规

圆规用来画圆和圆弧。画图时应尽量使钢针和铅芯都垂直于纸面，钢针的台阶与铅芯尖应平齐，用法如图 1-11 所示。

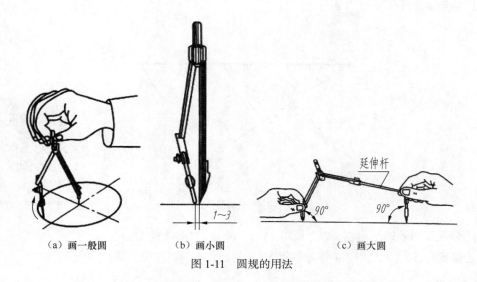

（a）画一般圆　　　　　（b）画小圆　　　　　（c）画大圆

图 1-11　圆规的用法

　　分规主要用来量取线段长度或等分已知线段。分规的两个针尖应调整平齐。从比例尺上量取长度时，针尖不要正对尺面，应使针尖与尺面保持倾斜。用分规等分线段时，通常要用试分法。分规的用法如图 1-12 所示。

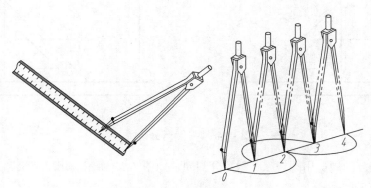

图 1-12　分规的用法

三、几何作图

　　物体的形状和结构虽然多种多样，但其投影轮廓却大都是由一些直线、圆弧或其他常见曲线所组成的几何图形。因此，应当掌握常见几何图形的作图原理、作图方法，以及图形与尺寸间相互依存的关系，以提高绘图速度和质量。

1. 等分作图

（1）等分线段

如图 1-13 所示，已知线段 AB，欲将其五等分，作法如下。

① 过端点 *A*，任作一直线 *AC*。

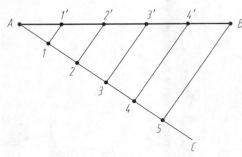

五等分线段

图 1-13　五等分线段

② 用分规以相等的距离在 *AC* 上量得 1、2、3、4、5 各个等分点。

③ 连接 *5B*，过 1、2、3、4 等分点作 *5B* 的平行线与 *AB* 相交，即得等分点 1′、2′、3′、4′，完成作图。

（2）等分圆周

① 四、八等分圆周。用丁字尺和三角板四、八等分圆周，如图 1-14 所示。

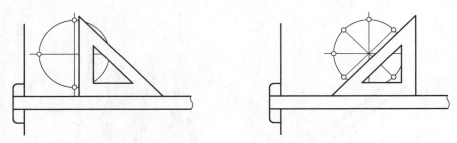

图 1-14　四、八等分圆周

② 三、六等分圆周。用圆规三、六等分圆周，如图 1-15 所示。用丁字尺和三角板三、六等分圆周，如图 1-16 所示。

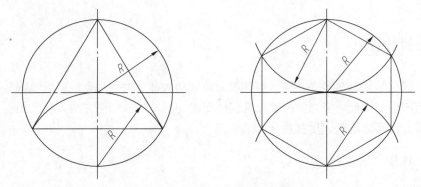

图 1-15　用圆规三、六等分圆周

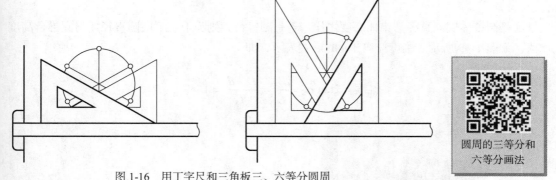

图 1-16　用丁字尺和三角板三、六等分圆周

圆周的三等分和
六等分画法

2. 斜度和锥度

（1）斜度

斜度是指一直线对另一直线或一平面对另一平面的倾斜程度，如图 1-17 所示，斜度的大小用两直线（或平面）间夹角的正切值来表示，并写成 $1{:}n$ 的形式，即

$$斜度 = \tan\alpha = \frac{H}{L} = 1{:}n$$

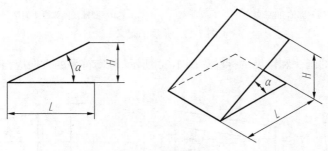

图 1-17　斜度的定义

斜度符号、斜度的画法和斜度的标注如图 1-18 所示，标注斜度时斜度符号"∠"中斜线的方向与图中斜度的方向一致。

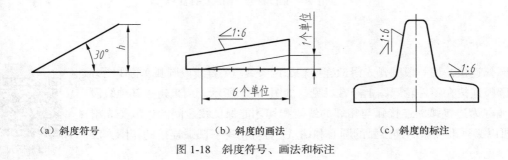

（a）斜度符号　　　　　　（b）斜度的画法　　　　　　（c）斜度的标注

图 1-18　斜度符号、画法和标注

（2）锥度

锥度是圆锥体底圆直径与锥体高度之比，若是圆锥台，则为上、下底圆直径差与圆锥台高度之比值，如图 1-19 所示。锥度应以 1:n 的形式表示，即

$$锥度 = 2\tan\alpha = \frac{D}{L} = \frac{D-d}{l} = 1:n$$

 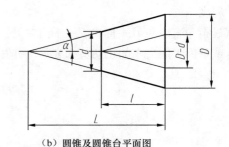

（a）圆锥和圆锥台　　　　　　　（b）圆锥及圆锥台平面图

图 1-19　锥度的定义

锥度符号、锥度的画法和锥度的标注如图 1-20 所示。锥度符号的方向应与图中锥度方向一致。

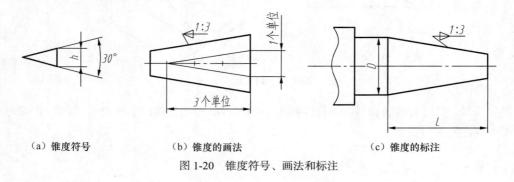

（a）锥度符号　　　　　（b）锥度的画法　　　　　（c）锥度的标注

图 1-20　锥度符号、画法和标注

3. 圆弧连接

圆弧连接是用一段圆弧光滑地连接相邻两条线段（直线或圆弧）的作图方法。圆弧连接在零件轮廓图上经常可见，如图 1-21 所示。用来连接其他线段的圆弧称为连接弧。连接弧与相邻的线段相切才能保证线段间的连接是光滑的，所以必须准确做出连接弧的圆心和切点。各种情况下圆弧连接的作图方法和步骤见表 1-9。

斜度和锥度

表 1-9　　　　　　　　　　　各种情况下圆弧连接的作图方法和步骤

连接要求	已 知 条 件	作图方法和步骤		
		1. 求连接弧圆心 O	2. 求连接点（切点）A、B	3. 画连接弧并描粗
圆弧连接两已知直线				
圆弧连接已知直线和圆弧				
圆弧外切连接两已知圆弧				
圆弧内切连接两已知圆弧				
圆弧分别内外切连接两已知圆弧				

用一段圆弧光滑连接两已知线段（直线或圆弧）的作图方法，在几何中称为相切，在制图中称为圆弧连接。在表达零件的图形中，则为两线段相切，机械制图中称这种相切为连接，切点为连接点，如图 1-21（b）所示。常见的连接是用圆弧连接两条已知线段，此圆弧称为连接弧。

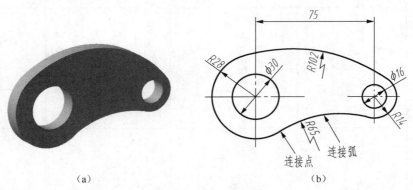

（a）　　　　　　　　　　　　　　　　　　　（b）

图 1-21　圆弧连接示例

四、平面图形画法

1. 平面图形的尺寸分析

　　尺寸按其在平面图形中所起的作用，可以分为定形尺寸和定位尺寸两类。要想确定平面图形中线段的相对位置，必须引入尺寸基准的概念。

　　尺寸基准是确定尺寸大小和位置所依据的几何要素。对于二维图形，需要两个方向的基准，即水平方向和竖直方向。如图 1-22 所示，手柄是以 ϕ19 左端面和水平中心线作为水平和竖直方向的尺寸基准的。

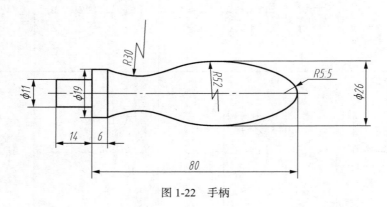

图 1-22　手柄

（1）定形尺寸

　　定形尺寸是确定平面图形中各几何元素形状大小的尺寸，如直线长度、角度的大小以及圆或圆弧的直径或半径等。如图 1-22 中的尺寸 ϕ11、ϕ19、R5.5、14 等均是定形尺寸。

（2）定位尺寸

定位尺寸是确定平面图形中各几何元素相对位置的尺寸。如图 1-22 中的尺寸 80、$\phi26$ 均为定位尺寸。其中，定位尺寸 80 用来确定圆弧 R5.5 的圆心位置，$\phi26$ 用来确定 R52 的圆心位置。

2. 平面图形的线段分析

根据所给定形尺寸和定位尺寸是否齐全，平面图形的线段可以分为三类。

（1）已知线段

定形尺寸和定位尺寸齐全，可直接画出的线段为已知线段。如图 1-22 中的 $\phi19$、$\phi11$ 的直线及 R5.5 的圆弧便是已知线段。

（2）中间线段

定形尺寸齐全，缺少一个定位尺寸，但可根据与相邻线段的连接关系画出的线段称为中间线段。如图 1-22 中的 R52 圆弧便是中间线段。

（3）连接线段

只有定形尺寸而无定位尺寸的线段称为连接线段。这种线段只能在其他线段画出后根据两线段相切的几何条件画出。如图 1-22 中的 R30 的圆弧便是连接线段。

3. 平面图形的画图步骤

平面图形常由很多线段连接而成，画平面图形时应该从哪里着手往往并不明确，因此需要通过分析图形及其尺寸才能了解它的画法。

平面图形的作图步骤如下。

① 分析图形，根据所注尺寸确定哪些是已知线段，哪些是中间线段，哪些是连接线段。

② 画出已知线段。

③ 画出中间线段。

④ 作出连接线段。

由图 1-22 可知，$\phi19$、$\phi11$ 和 R5.5 都是已知线段，两个 R52 是中间线段，两个 R30 都为连接线段。其具体作图步骤如图 1-23 所示。

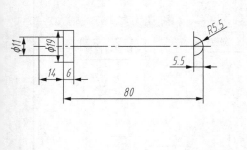

（a）画出已知线段：$\phi19$、$\phi11$、R5.5

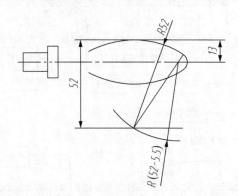

（b）画出连接圆弧 R52（与 R5.5 内切，与距离 26 的两条直线相切）

图 1-23　手柄的作图步骤

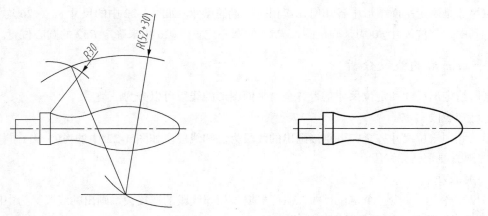

（c）画出连接线段 R30（与 R52 外切，过 φ19 右侧上、下两端点）　　　（d）擦除多余的图线，按线型要求加深、加粗图线，完成全图

图 1-23　手柄的作图步骤（续）

模块二　AutoCAD 绘制平面图形

一、AutoCAD 2018 的工作界面

启动 AutoCAD 2018 进入开始界面，然后单击"快速入门"区域进入工作界面。AutoCAD 2018 提供了"草图与注释""三维基础""三维建模"等工作空间。AutoCAD 2018 的默认界面为"草图与注释"工作空间的界面。该界面由快速访问工具栏、菜单栏、标题栏、功能区、绘图窗口、坐标系、命令行、状态栏等组成，如图 1-24 所示。

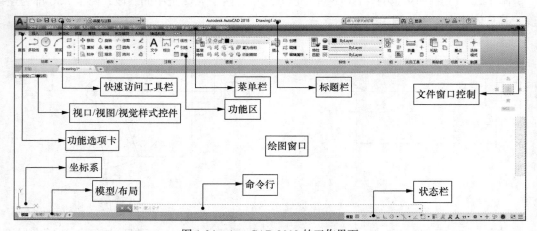

图 1-24　AutoCAD 2018 的工作界面

AutoCAD 2018 与之前版本的 AutoCAD 不同。菜单栏在 AutoCAD 2018 版本中，在任何工作空间都默认为不显示。只有在快速访问工具栏中单击下拉按钮，并在弹出的下拉菜单中选择"显示菜单栏"选项，才可将菜单栏显示出来，如图 1-25 所示。

图 1-25　显示菜单栏

二、AutoCAD 2018 的工作空间

中文版 AutoCAD 2018 为用户提供了"草图与注释""三维基础"及"三维建模"三种工作空间。选择不同的空间可以进行不同的操作。在"草图与注释"空间中绘制出二维草图，然后转换至"三维基础"工作空间进行建模操作，再转换至"三维建模"工作空间，赋予材质、布置灯光进行渲染，这就是 CAD 建模的大致流程。因此这三个工作空间是互为补充的。如图 1-26 所示，在自定义快速访问工具栏中将"工作空间"前的√打开，即可出现工作空间，单击下拉按钮，在弹出的下拉列表中选择工作空间（见图 1-27），就可以切换"草图与注释""三维基础"及"三维建模"三种工作空间，还可以创建自定义的工作空间（例如旧版 AutoCAD 用户可以创建"经典工作空间"）。

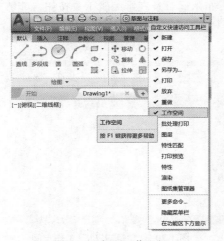

图 1-26　打开工作空间

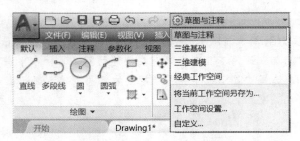

图 1-27　通过快速访问工具栏切换工作空间

1. "草图与注释"工作空间

AutoCAD 2018 默认的工作空间为"草图与注释"工作空间。在该工作空间中可以方便地使用"默认"选项卡中的"绘图""修改""注释""块"和"特性"等功能区的功能绘制和编辑二维图形，如图 1-28 所示。

图 1-28　"草图与注释"工作空间

2. "三维基础"工作空间

"三维基础"工作空间与"草图与注释"工作空间类似，功能区包含的是基本的三维建模工具，如各种常用的三维建模、布尔运算及三维编辑工具按钮，能够非常方便地创建简单的三维模型，如图 1-29 所示。

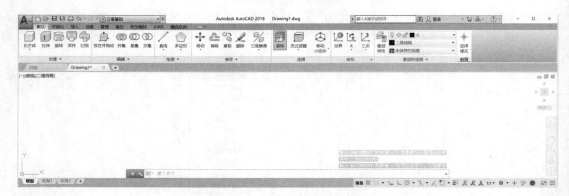

图 1-29　"三维基础"工作空间

3. "三维建模"工作空间

"三维建模"工作空间界面与"三维基础"工作空间界面较相似，但功能区包含的工具有较大差异，其功能区选项卡中集中了实体、曲面和网格的多种建模和编辑命令，以及视觉样式、渲染等模型显示工具，为绘制和观察三维图形、附加材质、创建动画、设置光源等操作提供了非常便利的环境，如图 1-30 所示。

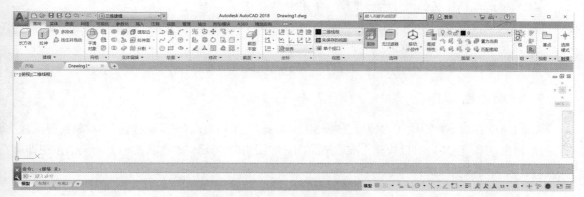

图 1-30 "三维建模"工作空间

4. 自定义工作空间

在 AutoCAD 2018 中，用户除了可以使用软件默认设置的几种工作空间以外，还可以通过自定义的方式创建符合自己工作需求的工作空间。

三、AutoCAD 2018 的基本操作

1. AutoCAD 图形的显示与控制

绘图过程中为了更好地观察和绘制图形，通常需要对视图进行平移、缩放等操作，以便对图形的细节进行观察、修改。

（1）视图缩放

视图缩放命令可以用于调整当前视图大小，既能观察较大的图形范围，又能观察图形的细小部分而不改变图形的实际大小。视图缩放只是改变视图的比例，并不改变图形中对象的绝对大小。打印出来的图形仍是设置的大小。执行视图缩放命令有以下几种方法。

① 功能区：在"视图"选项卡的"导航"面板中选择视图缩放工具。

② 菜单栏：选择"视图"→"缩放"菜单命令。

③ 工具栏：单击"缩放"工具栏中的按钮。

④ 命令行：输入 ZOOM 或 Z。

⑤ 快捷操作：滚动鼠标滚轮。

执行缩放命令后，命令行中会提示各种选项进行不同的缩放，包括"全部缩放""中心缩放"

"动态缩放""范围缩放""缩放上一个""比例缩放""窗口缩放""缩放对象""实时缩放""放大"和"缩小"。

（2）视图平移

视图平移不改变视图的大小和角度，只改变其位置，以便观察图形其他的组成部分。执行视图平移命令有以下几种方法。

① 功能区：单击"视图"选项卡中"导航"面板的"平移"按钮。

② 菜单栏：执行"视图"→"平移"菜单命令。

③ 工具栏：单击"标准"工具栏中的"实时平移"按钮。

④ 命令行：输入 PAN 或 P。

⑤ 快捷操作：按住鼠标滚轮拖动，可以快速进行视图平移。

2. 辅助绘图工具

AutoCAD 在状态栏提供了"捕捉""栅格""正交""极轴追踪""对象捕捉""对象捕捉追踪"等辅助绘图工具，使用户可以快速、准确地绘图。如图 1-31 所示，单击状态栏上相应的按钮即可实现启动或关闭该功能的操作。

图 1-31　状态栏

（1）捕捉与栅格（ ）

"捕捉"模式用于限制十字光标，使其按照用户定义的间距移动。"栅格"是点或线的矩阵，充满指定图形界限的整个区域。使用栅格类似于在图形下放置一张坐标纸。利用栅格可以对齐对象并直观显示对象之间的距离。栅格不是图形的组成部分，不能被打印输出。

（2）正交（ ）

创建或移动对象时，使用"正交"模式可将光标限制在水平轴和垂直轴上。移动光标时，不管水平轴和垂直轴哪个距离光标最近，光标会拖引沿着该轴移动。

（3）极轴追踪（ ）

极轴追踪是指按预先设置的极轴角增量来追踪目标点。

（4）对象捕捉（ ）

对象捕捉是利用已经绘制的图形上的几何特征点来捕捉定位新的点。在默认情况下，当光标移到对象的捕捉位置时将显示标记和工具栏提示。用户可以通过"草图设置"对话框来进行对象捕捉点的设置，也可以在状态栏中进行对象捕捉点的设置。

（5）对象捕捉追踪（ ）

对象捕捉追踪是沿着现有对象上的指定点产生追踪路径，利用这种方式可以捕捉到追踪路径上的点或两条追踪路径的交点。若不知道具体的追踪方向，但是知道与其他对象的某种关系（如相交、相切等），则采用对象捕捉追踪功能。若知道要追踪的方向或角度，则使用极轴追踪功能。极轴追踪和对象捕捉追踪可以同时使用。

（6）动态输入（ ）

使用动态输入功能可以在指针位置处显示标注输入和命令提示等信息。

（7）线宽显示（ ≣ ）

在绘图时，如果为图层或所绘制图线定义了不同的线宽（至少大于 0.3mm），那么线宽开关开启后，就可以显示出线宽，用来识别各种具有不同线宽的对象。

3. 命令的调用方式

AutoCAD 中调用命令的方式有很多种，这里仅介绍最常用的五种。

（1）使用功能区调用

三个工作空间（草图与注释、三维基础、三维建模）的功能区调用是调用命令的主要方式。与其他的调用命令的方法相比，使用功能区调用命令更为直观，非常适合不能熟记绘图命令的 AutoCAD 初学者。功能区使绘图界面无须显示多个工具栏，系统会自动显示与当前绘图操作相适应的面板，从而使应用程序窗口更加整洁。

（2）使用命令行调用

通过在命令行输入代码来调用命令是 AutoCAD 的一大特色功能，同时也是最快捷的绘图方式。这就要求用户熟记各种绘图命令，一般对 AutoCAD 较熟悉的用户都用此方式绘制图形，因为这样可以大大提高绘图的速度和效率。

AutoCAD 绝大多数命令都有其相应的简写方式。如"直线"命令 LINE 的简写方式是 L，"矩形"命令 RECTANGLE 的简写方式是 REC。另外，AutoCAD 对于命令和参数输入不区分大小写，因此操作者不必考虑输入的大小写。

（3）使用菜单栏调用

菜单栏调用是 AutoCAD 提供的功能最全、最强大的命令调用方式。AutoCAD 绝大多数常用命令都分门别类地放置在菜单栏中。

（4）使用快捷菜单调用

用快捷菜单调用命令，即右击，在弹出的菜单中选择命令。

（5）使用工具栏调用

工具栏调用是 AutoCAD 经典的命令调用方式，也是旧版本最主要的调用方法。但是随着时代的进步，该种方式也日渐不适应人们的使用需求。因此，与菜单栏一样，工具栏也不显示在三个工作空间中，而是需要通过菜单栏的"工具"→"工具栏"命令调出。单击工具栏中的按钮即可执行相应的命令。

4. 坐标的几种输入方法

在 AutoCAD 中，坐标有多种表达方式，如绝对直角坐标、相对直角坐标、绝对极坐标和相对极坐标等。下面以实例说明各类型坐标的输入方式。

（1）绝对直角坐标的输入

绝对直角坐标是从原点出发的位移，其表示方式为（x，y）。其中，x、y 分别对应坐标轴上的数值，如图 1-32 所示。

（2）相对直角坐标的输入

相对直角坐标是指相对于某一点的 x 轴和 y 轴的距离。具体表示方式是在绝对坐标表达式的前面加上@符号，如图 1-33 所示。

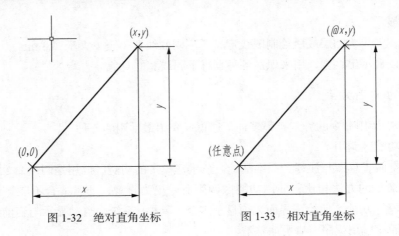

图 1-32　绝对直角坐标　　　　　　图 1-33　相对直角坐标

（3）绝对极坐标的输入

绝对极坐标也是从原点出发的位移，但绝对极坐标的参数是距离和角度。其中，距离和角度之间用"<"分开，而角度值是和 x 轴正方向之间的夹角，如图 1-34 所示。

（4）相对极坐标的输入

相对极坐标是相对于某一点的距离和角度。具体表达方式是在绝对极坐标表达式的前面加上"@"符号，如图 1-35 所示。

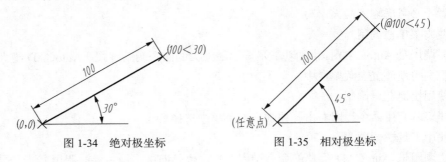

图 1-34　绝对极坐标　　　　　　图 1-35　相对极坐标

5. 图形对象的选择方式

对图形进行任何编辑和修改操作时，在选择了编辑和修改命令后必须要选择图形对象。AutoCAD 2018 提供了多种选择对象的基本方法，其中最常用的有直接点选、窗口选择、交叉窗口选择、全选等方法。

（1）直接点选

在绘图过程中，当命令行提示窗口中显示"选择对象"时，绘图窗口中的十字光标变为拾取框，此时将拾取框移到目标对象上单击即可选中对象，这就是直接点选方式。

（2）窗口选择

窗口选择（W）是一种通过定义矩形窗口选择对象的方法。选择对象时，从左往右拉出矩形窗口，框住需要选择的对象，此时绘图区将出现一个实线的矩形方框。释放鼠标后，被方框完全包围的对象将被选中。

（3）交叉窗口选择

交叉窗口选择对象的选择方向正好与窗口选择相反，它是按住鼠标左键向左上方和左下方拖动，框住需要选择的对象，框选时绘图区内将出现一个虚线的矩形方框。释放鼠标后，与方框相交和被方框完全包围的对象都将被选中。

（4）全选

当命令行提示窗口中显示"选择对象"时，输入"ALL"后按 Enter 键即可选择全部对象（被冻结图层上的对象除外）。

四、AutoCAD 2018 的基本设置

1. 图形界限的设置

AutoCAD 的绘图区域是无限大的，用户可以绘制任意大小的图形。但在国家标准规定中使用的图纸均有特定的尺寸（如常见的 A4 图纸大小为 297mm×210mm）。为了使绘制的图纸符合国家标准，需要设置一定的图形界限。执行图形界限命令有以下两种方式。

① 菜单栏：执行"格式"→"图形界限"菜单命令。

② 命令行：输入 LIMITS。

通过以上任一种方式执行图形界限命令后，输入图形界限的两个角点坐标，即可定义图形界限。而在设置图形界限之前，需要激活状态栏中的"栅格"按钮。只有启动该功能才能查看图形界限的设置效果。它确定的区域是可见栅格指示的区域。

 在执行"ZOOM"→"A"（即"全部缩放"）命令后，可以将图形界限设置中的所有区域快速显示出来。

2. 图层的设置与管理

为了方便管理图形，在 AutoCAD 中提供了图层工具。图层相当于一层透明纸，可以在上面绘制图形，将纸一层层重叠起来，构成最终的图。在 AutoCAD 中图层的功能和用途要比透明纸强大得多。用户可以根据需要创建很多图层，将相关的图形对象放在同一层上，以此来管理图形对象。

（1）图层的设置

每次启动软件后，AutoCAD 都会自动默认一个图层，其名称为"0"。用户还可以根据自己的需要创建若干个自己的图层。不同的图层设置不同的特性，如颜色、线型、线宽等，这可大大地方便使用，提高绘图的效率。

① 启动图层特性管理器即可创建新的图层，或者对现有图层进行修改和管理。常用的调用图层特性管理器的方法有以下三种。

a. 功能区：单击"草图与注释"工作空间下"图层"功能区中的"图层特性"按钮。

b. 菜单栏：执行"格式"→"图层"菜单命令。

c. 命令行：输入 layer（缩写 la）。

执行命令后，会弹出图 1-36 所示的"图层特性管理器"对话框。

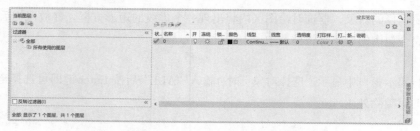

图 1-36　"图层特性管理器"对话框

在该对话框里可以看到，当前已有图层为系统默认的、不能删除及重命名的图层"0"。一般情况下不使用该图层。

② 创建新图层的步骤如下。

a. 单击"图层特性管理器"对话框中的"新建图层"按钮，建立一个新的图层，新图层以临时名称"图层 1"命名，并出现在列表中，其特性均与图层"0"一致，即默认设置的特性。

b. 单击新图层的名称，根据需要进行重命名，以方便查看和调用。

c. 在该图层的"颜色"位置单击，弹出图 1-37 所示的"选择颜色"对话框，指定图层颜色。

图 1-37　"选择颜色"对话框

d. 图层默认线型是"Continuous"（连续），适用于实线，可不做修改。如果要选择其他线型，就应该在该图层的"线型"位置单击，弹出图 1-38 所示的"选择线型"对话框。如果该对话框内没有所需线型，就单击"加载"按钮，在弹出的"加载或重载线型"对话框中进行选择，如图 1-39 所示。

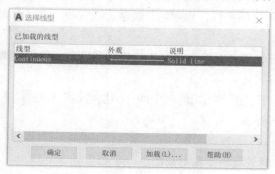

图 1-38　"选择线型"对话框

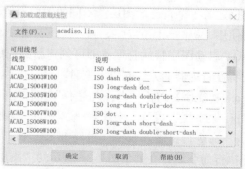

图 1-39　"加载或重载线型"对话框

e. 在该图层的"线宽"位置单击，弹出图 1-40 所示的"线宽"对话框，指定该图层的线宽为 0.3 mm。

线宽可根据实际需要来指定。一般粗线是细线宽度的两倍。

f. 如果还需要创建其他图层，再重复上述操作。对于一般的机械工程图，将各个图层设置为不同的颜色，是为了在绘图过程中能很轻易地对不同对象进行区分。特别是当图形复杂、线条较多时，设置不同的显示颜色对于编辑修改很有好处。当最终图形完成需要打印时，再将所有的线条改为同一颜色即可。

g. 单击"确定"按钮完成图层设置并关闭对话框。

图层创建完成后，在"图层"工具栏的下拉列表中，可以看到所创建的所有图层，再次选中某图层，即可使用该图层绘制图形，也可以选中已有的图形来定位所需绘制的图层。

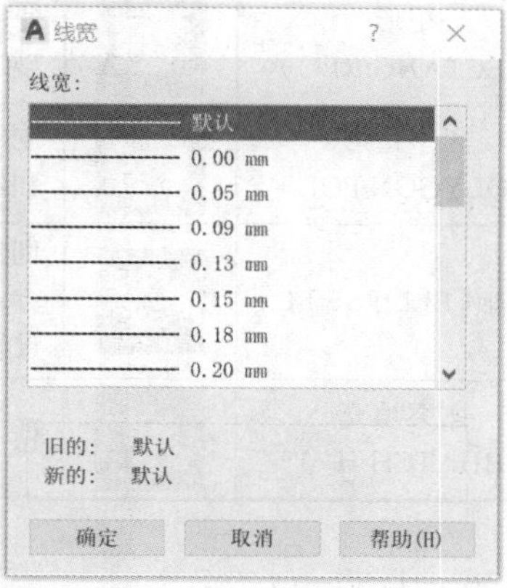

（2）图层的管理

每个工程图都是由若干的图层叠加构成的。对于图层及图层上的对象，AutoCAD 可以对其进行控制和管理，如图 1-36 所示。每一个图层前都有三个按钮 、 、 ，分别用于管理该图层的开/关、冻结/解冻、锁定/解锁。各按钮的意义如下。

① 图层的开/关：用于打开和关闭选定图层。当图层打开时该图层可见，并且可对图层上的对象进行操作或者进行打印。当图层关闭时，图层中的对象不可见并且不能打印。当图形重新生成时，被关闭的图层将一起被生成。

② 图层的冻结/解冻：用于冻结和解冻图层的对象。当图层冻结时，图层中的对象不可见并且不能打印。当图形重新生成时，系统不再重新生成该层上的对象，因而冻结一些图层后，可以加快许多操作的步骤。其中当前图层不可以被冻结。

③ 图层的锁定/解锁：锁定和解锁选择的图层。锁定图层时，图层的对象为可见，但是无法对图层对象进行操作。若要对图层对象进行操作，则需对图层进行解锁。

图 1-40 "线宽"对话框

五、常用二维绘图与编辑命令

常用二维绘图与编辑命令见表 1-10 和表 1-11。

表 1-10 常用二维绘图命令

命令	图标	功能
直线（LINE/L）		使用直线命令，可以创建一系列连续的直线段。每条线段都是可以单独进行编辑的直线对象
多段线（PLINE/P）		二维多段线是作为单个平面对象创建的相互连接的线段序列，可以创建直线段、圆弧段或二者的组合线段

续表

命令	图标	功能
圆（CIRCLE/C）		AutoCAD 提供了"圆心，半径""圆心，直径""三点""两点""相切，相切，半径""相切，相切，相切"共六种画圆的方式。其中"相切，相切，半径"方式常用于绘制连接圆弧
圆弧（ARC/A）		AutoCAD 提供了十一种绘制圆弧的方式。可以通过指定圆心、端点、起点、半径、角度和方向值的各种组合形式来绘制圆弧
矩形（RECTANG/REC）		使用矩形命令，可以指定矩形参数（长度、宽度、旋转角度）并控制角的类型（圆角、倒角或直角）
正多边形（POLYGON/POL）		创建等边闭合多段线，可以指定多边形的各种参数，包括边数。显示了内接和外切选项间的差别
椭圆（ELLIPSE/EL）		创建椭圆或椭圆弧。椭圆的形状和大小可以使用"圆心""轴，端点"两种方式来设置。正等轴测图中椭圆的绘制比较特殊，要在将"捕捉类型"中的设置改为"等轴测捕捉"后，再用椭圆命令中新增的"等轴测圆"进行绘制
图案填充（BHATCH/H）		使用适当的填充图案对选定的封闭区域或对象进行图案填充

表 1–11   常用二维编辑命令

命令	图标	功能
移动（MOVE/M）		将对象在指定的两点之间移动指定距离。移动后对象的大小和方向保持不变，只是位置发生了变化
旋转（ROTATE/RO）		可以围绕基点将选定的对象旋转到一个绝对的角度
修剪（TRIM/TR）		修剪对象以适合其他对象的边界。要修剪对象，先选择边界，然后按 Enter 键后再选择要修剪的对象
延伸（EXTEND/EX）		该命令可以使对象精确地延伸至由其他对象定义的边界。要延伸对象，先选择边界。然后按 Enter 键后再选择要延伸的对象
删除（ERASE/E）		从图形中删除对象。对于临时被删除的对象可用 UNDO 命令将其恢复
复制（COPY/CO）		将对象复制到指定方向的指定距离处。复制后对象的大小和方向保持不变，在新的位置增加了被复制对象
镜像（MIRROR/MI）		绕指定轴线翻转对象创建对称的镜像图形。在绘制对称图形时常使用镜像命令
圆角（FILLET/F）		给对象直接加圆角
倒角（CHAMFER/CHA）		给对象加倒角，将按用户选择对象的次序应用指定的距离和角度
拉伸（STRETCH/S）		通过交叉窗口或多边形框选的方式选择部分包围的拉伸对象。如果对象被窗口全部包围，则将移动（而不是拉伸）对象。一些对象类型（例如圆、椭圆和块）不能被拉伸

命令	图标	功能
缩放（SCALE/SC）		放大或缩小选定的对象，基点作为缩放操作的中心，保持静止。比例因子大于1时，将放大对象；比例因子在0~1时，将缩小对象
阵列（ARRAY/AR）		阵列有三种方式：矩形阵列、环形阵列和路径阵列。对于矩形阵列，可以控制行和列的数量及它们之间的距离。对于创建多个定间距的对象，阵列要比复制快捷且位置精确
偏移（OFFSET/O）		创建同心圆、平行直线和平行曲线。创建等距图线时常用偏移命令
分解（EXPLODE/X）		将复合对象分解为单个的元素。可以分解的对象包括块、多段线、尺寸标注、图案填充和面域等

六、AutoCAD 尺寸标注方法

1. 文字样式设置

标注尺寸和标注文本之前，先要给文本字体定义合适的样式。文字样式的设置包括了字体、字高、倾斜角度、方向及其他特征的设置。

调用"文字样式"对话框的常用方法如下。

① 菜单栏：执行"格式"→"文字样式"菜单命令。

② 功能区：单击"默认"选项卡"注释"功能区中的"文字样式"按钮 Ａ，如图 1-41 所示。

图 1-41　调用"文字样式"对话框的方法

执行命令后，系统弹出"文字样式"对话框，如图 1-42 所示，可以在其中新建或修改当前文字样式。

我国在国家标准《技术制图 字体》（GB/T 14691—1993）中对技术图纸中的数字写法有详细的规定，这里我们设置一种符合国家标准要求的文字样式"数字"，步骤如下。

① 单击"文字样式"对话框中的"新建"按钮，出现图 1-43 所示"新建文字样式"对话框，在"样式名"中输入"数字"后，单击"确定"按钮。

图 1-42 "文字样式"对话框

图 1-43 文字样式"数字"设置步骤一

② 打开"字体名"下拉列表，选择"gbeitc.shx"字体，如图 1-44 所示。

③ 在"文字样式"对话框中单击"关闭"按钮后，可以发现在"文字样式"中增加了一种新的样式"数字"，如图 1-45 所示。

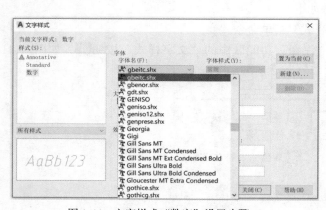
图 1-44 文字样式"数字"设置步骤二

图 1-45 文字样式"数字"设置步骤三

2. 尺寸样式设置

启用标注样式管理器的常用方法如下。

① 菜单栏：执行"格式"→"标注样式"菜单命令。

② 功能区：单击"默认"选项卡"注释"功能区中的"标注样式"按钮 ，如图 1-46 所示。

图 1-46　调用"标注样式管理器"对话框的方法

执行命令后，系统弹出"标注样式管理器"对话框，如图 1-47 所示，单击"修改"按钮，打开"修改标注样式"对话框，如图 1-48 所示。

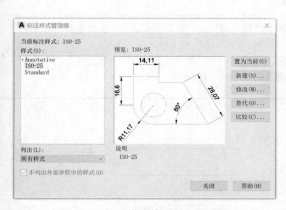

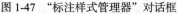

图 1-47　"标注样式管理器"对话框

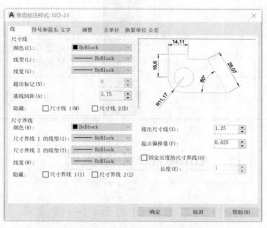

图 1-48　"修改标注样式"对话框

"修改标注样式"对话框中各选项卡所对应的设置如下。

① "线"选项卡：设置尺寸线、尺寸界线的特性。

② "符号和箭头"选项卡：设置箭头、中心标记和折弯标注等特性。

③ "文字"选项卡：设置文字的格式、位置及对齐方式等特性。

④ "调整"选项卡：控制标注文字、箭头、引线及尺寸的放置。

⑤ "主单位"选项卡：设置主单位的格式及精度，同时还可以设置标注文字的前缀和后缀。

⑥ "换算单位"选项卡：设置换算单位的格式与精度。

⑦ "公差"选项卡：控制公差的显示及格式。

3. 常见尺寸标注类型

常见尺寸标注类型见表 1-12。

表 1–12   常见尺寸标注类型

标注类型	图标	功能
智能标注		可以根据选定的对象类，自动创建相应的标注
线性标注		通过捕捉两点来标注水平或垂直的线性尺寸，也可以是旋转一定角度的标注
对齐标注		用于创建与指定位置和对象平行的标注。通常用于倾斜对象的标注
角度标注		用于标注两条直线或三个点之间的角度
弧长标注		用于测量圆弧和多段线弧线段上的距离。弧长标注将显示一个圆弧符号
半径标注		用于测量圆弧或圆的半径，并显示前面带有字母 R 的标注文字
直径标注		用于测量圆弧或圆的直径，并显示前面带有字母 ϕ 的标注文字
连续标注		创建首尾相连的多个标注。前一个尺寸的第二条尺寸界线就是后一个尺寸的第一条尺寸界线
基线标注		自同一基线处测量的多个尺寸的标注

七、AutoCAD 绘图实例

1. 绘制二维平面图形的一般方法

【例 1-1】   选用合适的坐标的输入法绘制图 1-49 所示的平面图形，不标注尺寸。

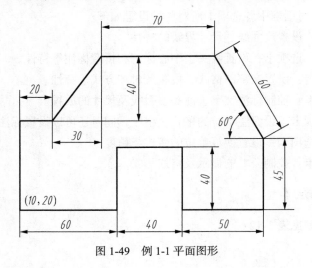

图 1-49   例 1-1 平面图形

（1）图形分析

图 1-49 所示的图样全部由直线组成。绘图时主要使用"直线"绘图命令和合适的坐标输入来完成，但是由于给出的尺寸有的是线段的长度，有的是相对坐标值，甚至有的线段的长度都没有给出尺寸，因而作图时必须考虑绘图顺序。由于 A 点和 K 点之间的长度没有给出，因此绘图时只能从 A 点出发逆时针画到 K 点或者从 K 点出发顺时针画到 A 点后，再将 A、K 两点连接完成图样，如图 1-50 所示。

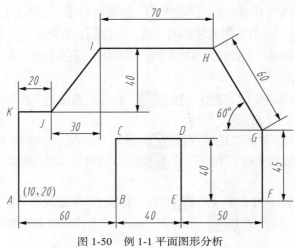

图 1-50　例 1-1 平面图形分析

（2）作图步骤

① 单击"绘图"功能区中的"直线"按钮，在命令行输入绝对直角坐标（10，20）确定直线的起点 A。

② 在"指定下一点"时，输入相对直角坐标@60，0，完成线段 AB。

③ 在"指定下一点"时，输入相对直角坐标@0，40，完成线段 BC。

④ 在"指定下一点"时，输入相对直角坐标@40，0，完成线段 CD。

⑤ 在"指定下一点"时，输入相对直角坐标@0，−40，完成线段 DE。

⑥ 在"指定下一点"时，输入相对直角坐标@50，0，完成线段 EF。

⑦ 在"指定下一点"时，输入相对直角坐标@0，45，完成线段 FG。

⑧ 在"指定下一点"时，输入相对极坐标@60<120，完成线段 GH。

⑨ 在"指定下一点"时，输入相对直角坐标@−70，0，完成线段 HI。

⑩ 在"指定下一点"时，输入相对直角坐标@−30，−40，完成线段 IJ。

⑪ 在"指定下一点"时，输入相对直角坐标@−20，0，完成线段 JK。

⑫ 在"指定下一点"时，抓取端点 A，完成线段 KA。

【例 1-2】　绘制图 1-51 所示的平面图形。

（1）图形分析

图 1-51 中有两个正三角形，需要使用正多边形命令。两个正三角形是对称关系，需要使用镜像命令。图 1-51 中六段圆弧是六个圆的一部分，可以使用阵列命令中的环形阵列命令阵列出六个圆后再使用修剪命令去除多余的圆弧。

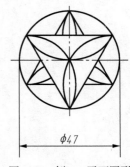

图 1-51　例 1-2 平面图形

（2）作图步骤

① 设置图层。单击"草图与注释"工作空间下"图层"工具栏中的"图层特性"按钮，打开"图层特性管理器"对话框，单击"新建"按钮，新建绘图所需要的图层，并为相应图层选择合适的线型、线宽、颜色。在建立中心线图层的过程中需要加载相应的线型（如 Center 线型），并为粗线图层选择 0.5 mm 的线宽。

② 单击"绘图"功能区中的"直线"按钮，绘制中心线，如图 1-52（a）所示。

③ 在粗线图层单击"绘图"功能区中的"圆"按钮，捕捉中心线的交点为圆心，以圆命令中的圆心、直径方式绘制一个直径为 47 的圆，再单击"正多边形"按钮 多边形 画该圆的内接正三角形，如图 1-52（b）所示。

④ 单击"修改"功能区中的"镜像"按钮，将正三角形关于水平的中心线镜像做出第二个正三角形，如图 1-52（c）所示。

⑤ 单击"修改"功能区中的"复制"按钮，复制一个直径为 47 的圆，如图 1-52（d）所示。

⑥ 单击"修改"功能区中的"环形阵列"按钮，阵列出六个直径为 47 的圆，如图 1-52（e）所示。

⑦ 单击"修改"功能区中的"分解"按钮，将刚才阵列出的六个直径为 47 的圆分解，再单击"修改"功能区中的"修剪"按钮，用修剪（trim）命令修剪多余的图线，如图 1-52（f）所示。

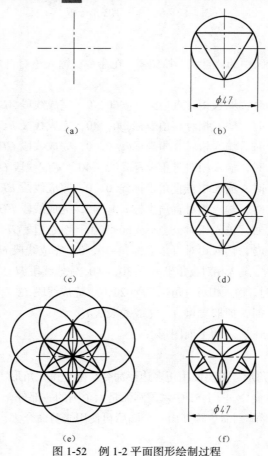

（a）　　　　　　　　　　（b）

（c）　　　　　　　　　　（d）

（e）　　　　　　　　　　（f）

图 1-52　例 1-2 平面图形绘制过程

（3）作图技巧

① 绘图时要正确使用对象捕捉，以确保作图的精确性。

② 对用阵列命令形成的对象进行修改之前，要先将阵列产生的对象用分解命令进行分解后，才能进行其他修改操作。

【例1-3】　绘制图1-53所示的平面图形。

（1）图形分析

图1-53由直线和圆、圆弧组成，且左右对称。绘图时主要使用"直线""圆"绘图命令和"修剪"修改命令等。

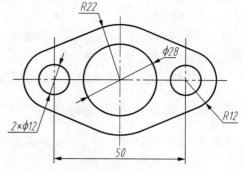

图1-53　例1-3平面图形

（2）作图步骤

① 设置图层。单击"图层"功能区中的"图层特性"按钮，打开"图层特性管理器"对话框。按照前面提到的创建新图层的步骤建立绘图所需要的图层，并为相应图层选择合适的线型、线宽和颜色。在之后的绘图步骤中选择合适的图层绘图。

② 单击"绘图"功能区中的"直线"按钮，绘制中心线。单击"修改"功能区中的"偏移"按钮，将铅垂方向的中心线分别向左、向右偏移25，如图1-54（a）所示。

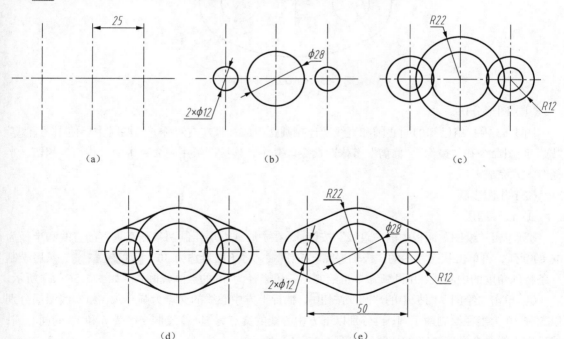

图1-54　例1-3平面图形绘制过程

③ 单击"绘图"功能区中的"圆"按钮，捕捉中心线的交点为圆心，以12为直径绘制两个圆，以28为直径一个圆，共三个圆，如图1-54（b）所示。

④ 分别以三个圆的圆心为圆心，绘制半径为12和22的同心圆，如图1-54（c）所示。

⑤ 设置捕捉对象模式为"切点"，再用直线命令绘制圆的切线，如图1-54（d）所示。

⑥ 单击"修改"功能区中的"修剪"按钮，先选择四条切线为剪切边后，按 Enter 键，再选择图中要修剪的三个圆，然后单击"修改"功能区中的"打断"按钮，将太长的中心线打断，即可完成图样，如图 1-54（e）所示。

（3）作图技巧

① 在使用修剪命令时要分别选择两种不同类型的对象，先选修剪边界，然后按 Enter 键或按鼠标右键切换选择对象的种类。

② 对于绘图过程中出现的过长或过短的图线以及多余的图线，要进行合适的修改及删除。

2. 圆弧连接平面图形的绘制

【例 1-4】 绘制图 1-55 所示的圆弧连接平面图形。

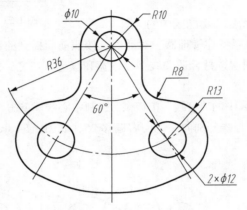

图 1-55 CAD 绘制圆弧连接

（1）图形分析

图 1-55 由三组已知的同心圆和直线及连接圆弧组成，且左右对称。绘图时主要使用"直线""圆"绘图命令和"镜像""修剪"等修改命令。其中，连接圆弧用圆命令中的"相切，相切，半径"方式完成。

（2）作图步骤

① 设置图层。

② 单击"绘图"面板中的"直线"按钮，在中心线图层绘制两条相互垂直的直线和半径为36的圆弧，再单击状态栏中的"极轴追踪"按钮，将角增量选为30° ✓ 30, 60, 90, 120...，然后绘制一条特殊角度的中心线，用圆弧命令再绘制出一段半径为36的点画线圆弧，如图 1-56（a）所示。

③ 单击"绘图"面板中的"圆"按钮，捕捉上方中心线的交点为圆心，在粗实线图层分别以5和10为半径绘制两个圆；再分别以下方中心线的交点为圆心，绘制半径为6和13的同心圆；然后用直线命令画圆 R10 的切线，如图 1-56（b）所示。

④ 单击"绘图"面板中的"圆"按钮，选择"相切，相切，半径"方式绘制 1 个 R8 的圆，如图 1-56（c）所示。

⑤ 单击"修改"面板中的"修剪"按钮，将 R8 的圆多余的部分修剪掉，如图 1-56（d）所示。

⑥ 单击"修改"面板中的"镜像"按钮，将右边画好的图线镜像，如图 1-56（e）所示。

⑦ 单击"绘图"面板中的"圆弧"按钮，选择"圆心，起点，端点"方式绘制最大的一段圆弧，如图 1-56（f）所示。

⑧ 单击"修改"面板中的"修剪"按钮 ，先选择两条粗实线直线、两个 R8 的圆弧以及两条夹角为 60°的中心线，共六个对象为剪切边后，按 Enter 键，再选择要修剪的一个半径为 R10 和两个 R13 的圆，即可完成图样，如图 1-56（g）所示。

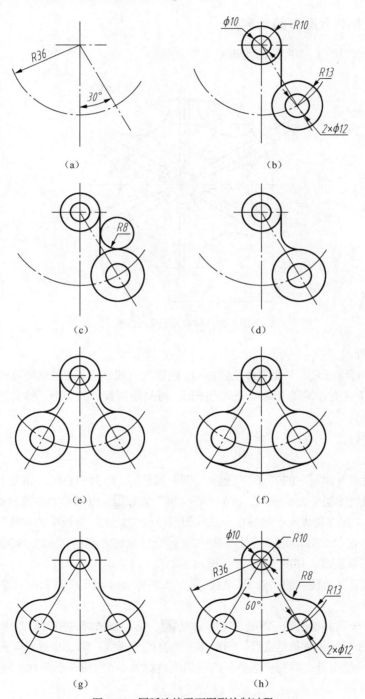

图 1-56　圆弧连接平面图形绘制过程

（3）作图技巧

① 当以"相切，相切，半径"方式绘制与已知圆相切的圆时，指定切点的位置不同可能会导致内外相切不同的效果，所以在选择切点时，要选择尽量在接近于最终切点位置的附近。

② 在使用修剪命令时要清楚所要修剪圆弧的修剪边界，可在一次修剪命令下完成多段圆弧或直线的修剪。

3. 均布元素平面图形的绘制

【例1-5】 绘制图1-57所示的均布元素平面图形。

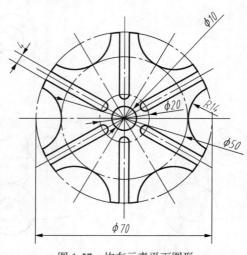

图1-57 均布元素平面图形

（1）图形分析

图1-57所示的均布元素平面图形主要由圆、圆弧和直线组成，而且这些圆弧和直线沿圆周方向均匀分布。对于这类在圆周上均匀分布的图形，可只绘制其中的一个，然后用阵列命令中的环形阵列复制即可。

（2）绘图步骤

① 设置图层。

② 单击"绘图"面板中的"直线"██和"圆"按钮██，绘制中心线，如图1-58（a）所示。

③ 先在辅助线图层单击"绘图"面板中的"圆"按钮██，以水平中心线与ϕ50中心线圆的交点为圆心绘制R14的细实线圆。然后在粗实线图层单击"绘图"面板中的"圆"按钮██，绘制粗实线圆R14。再单击"绘图"面板中的"圆"按钮██绘制ϕ4的小圆后，单击"绘图"面板中的"直线"按钮██绘制两条直线，如图1-58（b）所示。

④ 单击"修改"面板中的"修剪"按钮██，修剪掉R14粗实线圆和ϕ4小圆上多余的部分，如图1-58（c）所示。

⑤ 单击"修改"面板中的"环形阵列"按钮██，第一步选择阵列对象即R14粗实线圆和ϕ4小圆上保留的部分圆弧、两条粗实线、两条相互垂直的点画线；第二步选择阵列的中心点即两条相互垂直的点画线的交点；第三步选择阵列中的项目数为6，完成环形阵列。效果如图1-58（d）所示。

⑥ 单击"修改"面板中的"修剪"按钮，修剪掉ϕ70粗实线圆上多余的部分，最后单击"绘图"面板中的"圆"按钮绘制ϕ10的圆，如图1-58（e）所示。

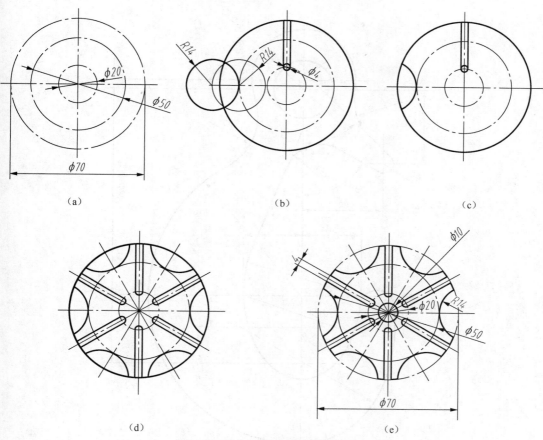

图 1-58 均布元素平面图形绘制过程

（3）作图技巧

绘制均布元素时，可以将要进行阵列的所有对象在一次阵列命令的操作过程中完成，没有必要对每一个对象分别进行阵列操作。

4. 平面图形绘制综合运用

【例 1-6】 绘制图 1-59 所示吊钩的平面图。

（1）图形分析

图 1-59 所示的吊钩平面图形主要由圆、圆弧和直线组成，在确定中心线位置时可以用偏移命令快速定位。图样中的连接圆弧较多，绘制连接圆弧时不能用圆弧命令直接绘制，而要使用圆命令中的"相切，相切，半径"方式先绘制圆后，再剪切多余的圆弧完成连接圆弧。

（2）绘图步骤

① 设置图层。

② 在中心线图层画一条水平线与一条垂直线，用偏移命令（ ）将水平线向上、下偏移 4

次，将垂直线向左右偏移 3 次，并用两点打断（Break）命令（）将偏移出的中心线多余的部分去掉，如图 1-60（a）所示。

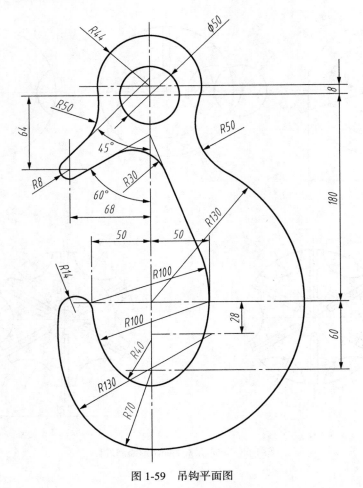

图 1-59　吊钩平面图

③ 用圆命令（）在粗实线层绘制圆心与直径或半径都已知的圆 ϕ50、R44、R8、R130、R70 及两处 R100，如图 1-60（b）所示。

④ 在粗实线层用圆命令（）中的"相切，相切，半径"方式（T 方式）绘制一个与第③步中画的 R44、R130 两个圆相切，半径为 50 的圆。

找左边 R130 的圆弧位置。由于 R130 的圆心在直线 1 上，而它又与 R70 的圆弧相切，所以在 0 层（细实线层）上作一个以 A 为圆心、半径为 130 减 70 即 R60 的辅助圆弧，它与直线 1 的交点 A 即为 R130 的圆心。

在粗实线层用圆命令（）中的"相切，相切，半径"方式（T 方式）绘制一个与第③步中画的 R100 及第④步画出的半径为 R130 这两个圆相切、半径为 14 的圆，如图 1-60（c）所示。

⑤ 用修剪命令（）修剪多余的图线，如图 1-60（d）所示。

⑥ 在粗实线层上用直线命令绘制两条相切线 2、3，直线 3 与铅垂的点画线相交于 B 点，再从 B 点出发作圆 R100 的切线 4。

44

在粗实线层用圆命令（）中的"相切，相切，半径"方式（T 方式）绘制一个与 R44、直线 2 相切，半径为 50 的圆。

在粗实线层用圆命令（）中的"相切，相切，半径"方式（T 方式）绘制一个与直线 3、直线 4 相切，半径为 30 的圆。

在粗实线层用圆命令（）中的"相切，相切，半径"方式（T 方式）绘制一个与两个 R100 相切、半径为 40 的圆，如图 1-60（e）所示。

⑦ 用修剪命令（）修剪多余的图线。用打断于点命令（）将直线 2、3、4 在其与圆 R50、R30 的交点处打断，用特性命令（）将 C、D、E 三点与铅垂的点画线之间的那三段直线变到细实线图层上，将它们变成细实线，如图 1-60（f）所示。

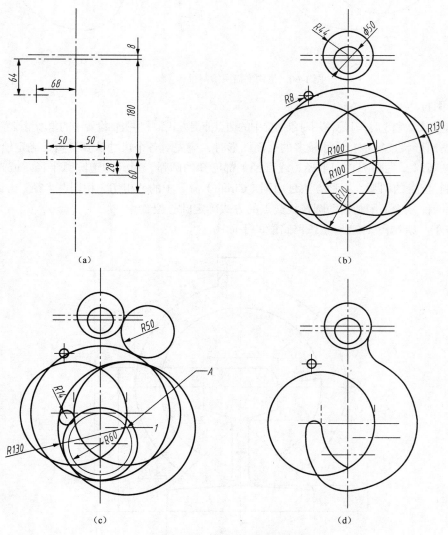

图 1-60 吊钩平面图绘制过程

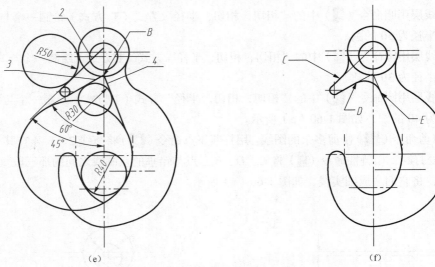

（e）　　　　　　　　　　　　　　　　　（f）

图 1-60　吊钩平面图绘制过程（续）

（3）作图技巧

① 绘制直线 2 和 3 时，注意使用对象捕捉中的切点捕捉方式，并将极轴设置中的角增量设置为 15°。

② 在绘制形状较复杂、尺寸较多的平面图形时，应先对各个尺寸认真分析，确定绘图步骤。

③ 画圆弧时，先画圆心和半径（或直径）都已知的圆弧，对只知道圆弧半径（或直径）而不知道其圆心位置的圆弧，一种方法是用圆（Circle）命令中的"相切，相切，半径"方式（T 方式）画，另一种方法是用画辅助圆弧找交点的方式确定圆心位置。

【例 1-7】　绘制图 1-61 所示铁路路徽的平面图。

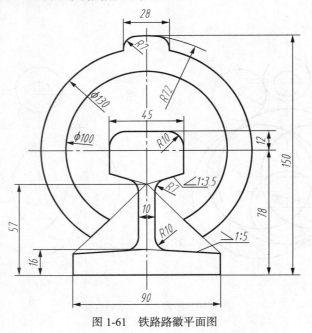

图 1-61　铁路路徽平面图

（1）图形分析

图 1-61 所示的铁路路徽平面图形主要由圆、圆弧和一些带有斜度的直线组成，且图形是左右

对称的，可以用镜像命令完成对称的图线。由于图样中平行线较多，所以在开始绘图时需要大量使用偏移命令进行定位。绘制带有斜度的直线之前必须要先绘制辅助线，再根据带有斜度的直线的起点位置完成直线。图1-61中的圆弧连接比较简单，可以用圆角命令直接完成。

（2）作图步骤

① 设置图层。

② 在中心线图层画一条水平线与一条铅垂线，两条线的交点为 o 点，用偏移命令将水平线和铅垂线分别根据图1-62（a）中的位置和距离进行偏移。

③ 在辅助线图层，先用直线命令从 a 点向下画一条长度为10的直线后，继续画一条长度为50的水平线，之后再画直线回到 a 点；然后用直线命令从 b 点向右画一条长度为35的直线后，继续向上画一条长度为10的铅垂线，之后再画直线回到 b 点，如图1-62（b）所示。

④ 图1-62（c）中，点 d 和点 h 是由图1-62（b）中辅助斜度三角形与图1-62（a）中偏移中心线后得到的点画线的交点。点 c、e、f、g、i、j、k 是图1-62（a）中偏移中心线后各条点画线的交点。在粗实线图层，根据工程绘制出的辅助斜度三角形以及用偏移中心线定位出来的顶点位置，先用"直线"命令将 c、d、e、f 点之间和 g、h、i、j、k 点之间以及 c、g 点之间用粗实线连接起来。再用圆角命令在点 j 处倒出一个半径为 $R10$ 的圆角，在点 g 处倒出一个半径为 $R7$ 的圆角，如图1-62（c）所示。

⑤ 用镜像命令将工程绘制出的粗实线进行镜像对称，得到图样如图1-62（d）所示。

⑥ 在粗实线图层用圆命令以 o 点为圆心，以100、130为直径，以72为半径分别作出三个大圆，再用直线命令将 m、n 两点连接，将 p、q 两点连接，将 r、s 两点连接，将 t、u 两点连接，如图1-62（e）所示。

⑦ 用"修剪"命令将多余的图线去掉，在 m 点和 p 点处分别用圆角命令倒出半径为 $R7$ 的两段圆弧，在 v 点和 w 点处分别用圆角命令倒出半径为 $R10$ 的两段圆弧，将多余的点画线等图线用删除命令擦去，完成全图，如图1-62（f）所示。

⑧ 检查修改无误后，使用细实线图层对该图形进行尺寸标注，并显示出线宽，如图1-61所示。

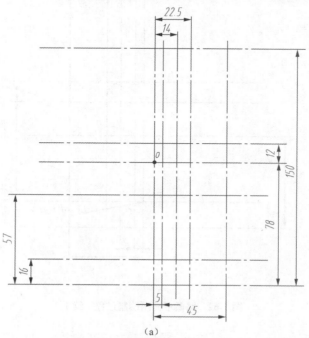

（a）

图1-62　路徽平面图绘制过程

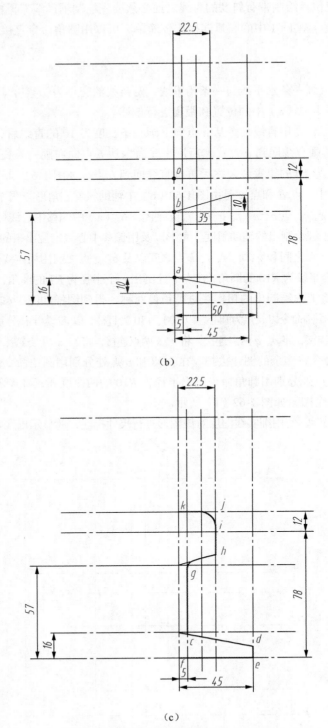

（b）

（c）

图 1-62　路徽平面图绘制过程（续）

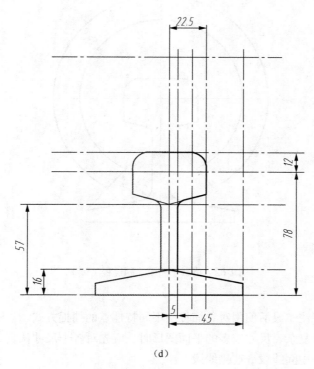

（d）

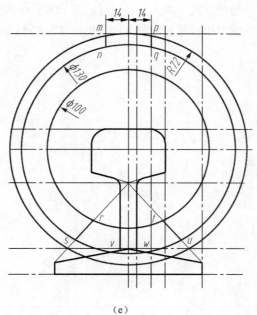

（e）

彩图：图1-62

图 1-62 路徽平面图绘制过程（续）

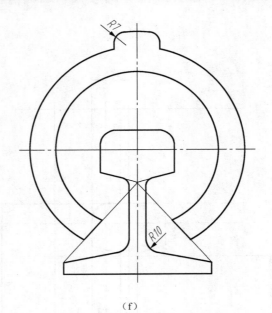

（f）

图 1-62　路徽平面图绘制过程（续）

（3）作图技巧

① 绘制图线时，注意灵活使用对象捕捉中不同特性点的捕捉方式。

② 在绘制形状较复杂、尺寸较多的平面图形时，应先对各个尺寸认真分析，确定绘图步骤。（基准线—已知线段—中间线段—连接线段）

③ 画圆角时，先选择半径的方式，输入半径尺寸，然后再选中需要作圆角的两条线段。

④ 标注斜度尺寸时，注意斜度符号的倾斜方向与图线实际倾斜方向保持一致。

学习情境二

投影基础

【情境概述】

投影法是人们将投影现象进行科学的总结和抽象形成的。机械工程图样通常都是用正投影方法绘制的。本学习情境中将介绍投影法的基本知识和物体的三视图，点、直线、平面等几何元素的投影原理，基本几何体（简称基本体）的视图绘制方法，以及轴测投影图的绘制方法。

【学习目标】

- 掌握投影法的基本概念；
- 掌握正投影法的特性；
- 掌握基本几何元素的投影特性；
- 掌握典型基本体的投影特性；
- 掌握正等轴测图的特性及其绘制方法。

【教书育人】

通过学习投影的形成过程，使学生掌握认识本质与规律、共性与个性的科学思维方法，发展学生的空间思维能力及分析问题、解决问题的能力。

【知识链接】

模块一　投影法及三视图的形成

日光或灯光照射物体，在地面或墙面上会产生影子，这种现象就称为投影现象。人们在长期的生产实践中对投影现象进行了科学的研究与概括，总结出影子与物体形状之间的对应关系，从而产生了投影法。

一、投影法的概念与分类

1. 投影法的概念

投影法就是用投射线通过物体，向选定的平面投射，并在该面上得到图形的方法。根据投影法所得到的图形，称为投影；得到投影的平面，称为投影面，如图2-1所示。

2. 投影法的分类

投影法分为中心投影法和平行投影法两大类。

（1）中心投影法

投射线汇交于一点的投影法，称为中心投影，如图2-1所示。中心投影法应用较为广泛，其特点如下。

① 投影大小随投射中心距离物体的远近或者物体距离投影面的远近而变化。

② 投影不反映物体的真实大小，因此不适于绘制机械图样。

③ 图形立体感较强，适用于绘制建筑物的外观图、美术图等。

（2）平行投影法

投射线相互平行的投影方法称为平行投影法，得到的投影称为平行投影。平行投影法根据投射线是否垂直于投影面，分为斜投影法和正投影法，如图2-2所示。

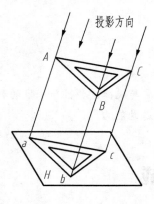

（a）斜投影法

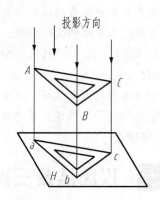

（b）正投影法

图 2-2　平行投影法

① 斜投影法。投射线倾斜于投影面的投影法为斜投影法，所得投影为斜投影，如图2-2（a）所示。斜投影法主要用于绘制有立体感的图形。

② 正投影法。投射线垂直于投影面的投影法为正投影法，所得投影为正投影，如图2-2（b）所示。正投影法得到的投影图能够表达物体的真实形状和大小，因此，机械图样通常采用正投影

图 2-1　中心投影法

投影法及其分类

法绘制。

正投影的基本特性如下。

a. 真实性。物体上的平面或直线平行于投影面时，其投影反映平面的真实形状或直线的真实长度，这种投影特性称为真实性，如图 2-3（a）中的平面 P 和线段 AB。

b. 积聚性。物体上的平面或直线垂直于投影面时，平面的投影积聚成一条线，直线的投影积聚成一点，这种投影特性称为积聚性，如图 2-3（b）中的平面 Q 和线段 BC。

正投影的基本特性

c. 类似性。物体上的平面或直线倾斜于投影面时，平面的投影仍为类似的平面图形，但平面的面积缩小，直线投影的长度缩短，这种投影特性称为类似性，如图 2-3（c）中的平面 R 和线段 AD。

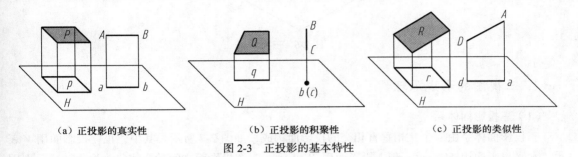

（a）正投影的真实性　　　　（b）正投影的积聚性　　　　（c）正投影的类似性

图 2-3　正投影的基本特性

图 2-4 所示为使用正投影法绘制的零件三视图。

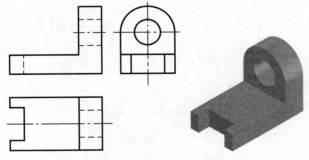

图 2-4　使用正投影法绘制的零件三视图

二、三视图的形成

在机械图样中，使用正投影法绘制的物体投影图形，称为视图。仅用一个方向的视图不能完全确定物体的形状和大小，如图 2-5 所示。需要从几个不同的方向进行投影，形成一组视图来表达对象。机械制图中通常采用从三个方向投影得到的三视图来表达对象，如图 2-6 所示。

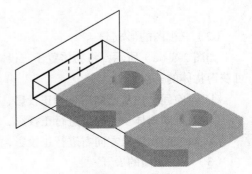

图 2-5　不同的物体得到同一投影

53

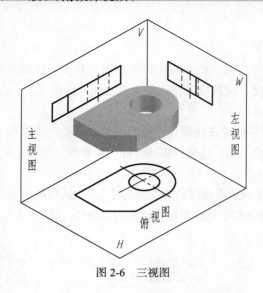

图 2-6　三视图

1．三视图的形成原理

（1）三投影面体系

三投影面体系由三个互相垂直相交的投影面构成，如图 2-7 所示。其中，正立投影面用 V 表示，水平投影面用 H 表示，侧立投影面用 W 表示。三个投影面之间的交线称为投影轴，分别用 OX、OY、OZ 表示。

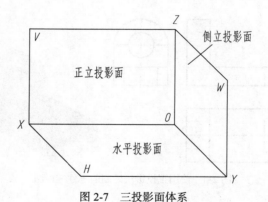

图 2-7　三投影面体系

（2）三视图的形成

如图 2-8（a）所示，将物体置于三投影面体系中，用正投影法分别向三个投影面投影后，即可获得物体的三面投影。

① 对空间物体从前向后进行正投影，在 V 面上得到的投影称为主视图。

② 对空间物体从上向下进行正投影，在 H 面上得到的投影称为俯视图。

③ 对空间物体从左向右进行正投影，在 W 面上得到的投影称为左视图。

（3）三投影面的展开

为了把物体的三面投影画在同一平面上，规定如下：保持 V 面不动，将 H 面绕 OX 轴向下旋转 90°，将 W 面绕 OZ 轴向后旋转 90°，使其与 V 面处在同一平面上。

使用上述方法展平在同一个平面上的视图，简称三视图，如图 2-8（b）所示。由于视图所表示的物体形状与物体和投影面之间的距离无关，因而绘图时可省略投影面边框及投影轴，如图 2-8（c）所示。

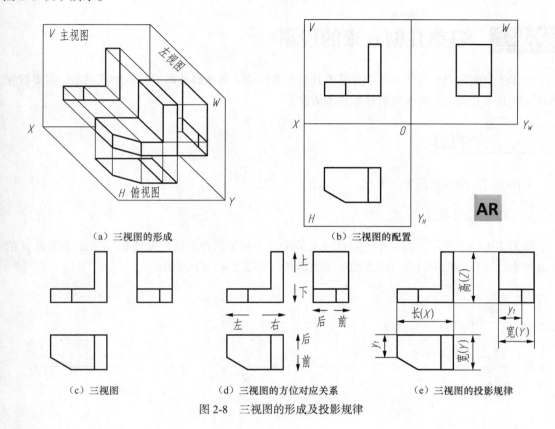

（a）三视图的形成　　　　　　　　　（b）三视图的配置

（c）三视图　　　　　（d）三视图的方位对应关系　　　　（e）三视图的投影规律

图 2-8　三视图的形成及投影规律

2. 三视图之间的关系

三视图之间存在着位置、尺寸和方位三种对应关系。

（1）位置关系

以主视图为基准，一般情况下，俯视图位于主视图的正下方，左视图位于主视图的正右方。

（2）方位关系

工作空间的物体有上、下、左、右、前、后六个方向的位置。主视图反映了物体的上下、左右方位；俯视图反映了物体的前后、左右方位；左视图反映了物体的前后、上下方位。

由于 H 投影面和 W 投影面在展开摊平时各向下、向后旋转了 90°，因而俯视图、左视图靠近主视图的一侧反映物体的后面，远离主视图的一侧反映物体的前面，如图 2-8（d）所示。

（3）尺寸关系

物体有长、宽、高三个方向的尺寸，每个视图都能够反映物体两个方向的尺寸。主视图反映了物体的长度和高度，俯视图反映了物体的长度和宽度，左视图反映了物体的宽度和高度。这样，主、俯视图共同反映了物体的长度尺寸，主、左视图共同反映了物体的高度尺寸，俯、左视图共同反映了物体的宽度尺寸。由此看出相邻两个视图同一方向的尺寸相等，即：主、俯视图长度相等，且对正；主、左视图高度相等，且平齐；俯、左视图宽度相等。

以上关系简称"长对正、高平齐、宽相等"的"三等"关系，就是三视图的投影规律，如图2-8（e）所示。在画图、读图时，都要严格遵循这一规律。

模块二　基本几何元素的投影

物体的表面由点、直线、平面等基本几何元素构成，要准确地画出物体的三视图，需要首先明确这些基本几何元素的投影特性和作图方法。

一、点的投影

工作空间点的投影仍为一个点。

1.点的三面投影形成

如图2-9（a）所示，由工作空间点 A 分别向三个投影面作垂线，垂足 a、a'、a'' 点为点 A 的三面投影。展开三投影面得到的点的三面投影图，如图2-9（c）所示。

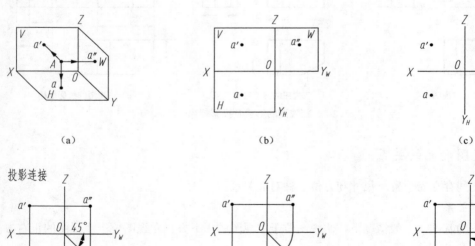

图2-9　点的三面投影

2.点的投影标记

按照以下约定来标记点及点的投影。

① 工作空间点用大写字母表示，如 A、B、C 等。

② 水平投影用相应的小写字母表示，如 a、b、c 等。

③ 正面投影用相应的小写字母加撇表示，如 a'、b'、c'。

④ 侧面投影用相应的小写字母加两撇表示，如 a''、b''、c''。

3. 点的投影规律

三投影线相互垂直，8 个顶点 A、a、a_Y、a'、a''、a_X、O、a_Z 构成正六面体，如图 2-10（a）所示，根据正六面体的性质，可以得出三面投影图的投影特性。

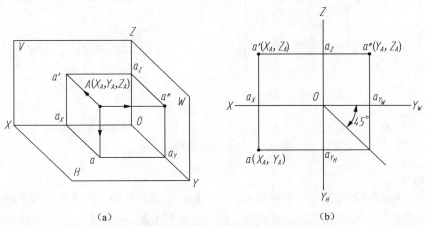

点的投影规律

（a）　　　　　　　　　　　（b）

图 2-10　点的投影与坐标关系

（1）投影连线与投影轴之间的位置关系如图 2-10（b）所示。

① 点的正面投影和水平投影的连线垂直于 OX 轴，即 $aa' \perp OX$（长对正）。

② 点的正面投影和侧面投影的连线垂直于 OZ 轴，即 $a'a'' \perp OZ$（高平齐）。

③ $aa_{Y_H} \perp OY_H$，$a'' a_{Y_W} \perp OY_W$（宽相等）。

（2）点的投影与点的坐标之间的关系。

① $a'a_z = aa_{Y_H} = A$ 点的 X 坐标 $= Aa''$（A 点到 W 面的距离）。

② $aa_X = a'' a_z = A$ 点的 Y 坐标 $= Aa'$（A 点到 V 面的距离）。

③ $a'a_X = a'' a_{Y_W} = A$ 点的 Z 坐标 $= Aa$（A 点到 H 面的距离）。

为了表示点的水平投影到 OX 轴的距离等于点的侧面投影到 OZ 轴的距离，即 $aa_X = a'' a_z$，可以用 45° 线反映该关系，如图 2-10（b）所示。

4. 点的相对位置

（1）两点的相对位置

两点的相对位置是指工作空间中两点之间的上下、左右、前后位置关系。根据两点的坐标，即可判断工作空间中两点间的相对位置。判断依据如下。

① X 坐标值大的在左，小的在右。

② Y 坐标值大的在前，小的在后。

③ Z 坐标值大的在上，小的在下。

如图 2-11 所示，$X_A > X_B$ 表示点 A 在点 B 的左方；$Y_A > Y_B$ 表示点 A 在点 B 的前方；$Z_B > Z_A$ 表

示点 A 在点 B 的下方。

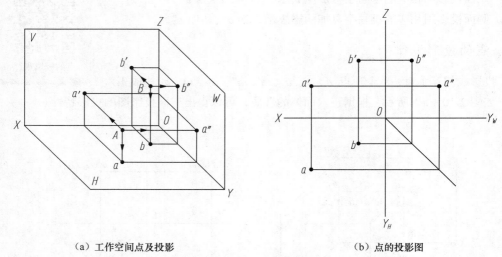

（a）工作空间点及投影　　　　（b）点的投影图

图 2-11　空间两点的相对位置

（2）重影点

当工作空间中的两点位于某一投影面的同一投射线上时，此两点在该投影面上的投影重合为一点，则这两个点称为对该投影面的重影点。两个点如果重影，必有两个坐标值相同，如图 2-12 所示，点 A、B 的 X 和 Y 坐标相同，其水平投影重影。

如果工作空间中的两点为重影点，在重影的投射方向上会有一个点遮挡住另一个点，这样就产生了可见性问题。两个重影点中远离投影面的一点是可见的。如图 2-12 所示，由于 A、B 两点水平投影重影，点 A 比点 B 高，距离 H 面比 B 点远，故点 B 被点 A 遮挡，因此 b 不可见。将不可见的投影加括号表示，以示区别。

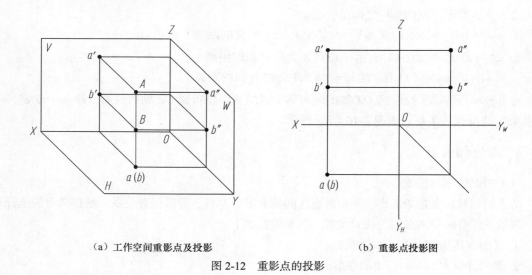

（a）工作空间重影点及投影　　　　（b）重影点投影图

图 2-12　重影点的投影

二、直线的投影

1. 直线的投影特性

一般情况下，直线的投影仍为直线。作直线的三面投影时，可分别作出直线两端点的三面投影，然后将同一投影面上的投影用直线相连，即可得到直线的三面投影。直线相对于投影面有平行、垂直和倾斜三种情况，各种位置直线的投影特性见表2-1。

表 2-1   各种位置直线的投影特性

名　称	立体图	投影图	投影特性
一般位置直线： 倾斜于三个投影面的直线			三面投影都具有类似性，均为倾斜于投影轴的直线
投影面平行线： 平行于一个投影面，倾斜于另外两个投影面的直线。具体包括正平线、水平线、侧平线		正平线 水平线 侧平线	在直线所平行的投影面上的投影具有显实性，是一条倾斜于投影轴的直线，另外两面投影是平行于相应投影轴的直线

续表

名　称	立体图	投影图	投影特性
投影面垂直线： 　垂直于一个投影面，平行于另外两个投影面的直线。具体包括正垂线、铅垂线、侧垂线		正垂线	在直线所垂直的投影面上的投影具有积聚性，积聚成一个点，另外两面投影是垂直于相应投影轴的直线，且反映实长
		铅垂线	
		侧垂线	

2. 直线上的点

若点在直线上，则点的各面投影必在直线的同面投影上。反之，如果点的各面投影都在直线的同面投影上，那么该点一定在该直线上。如图 2-13 所示，点 K 在线段 AB 上，则 k 在 ab 上，k′ 在 a′b′ 上，k″ 在 a″b″ 上。

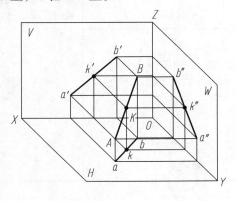
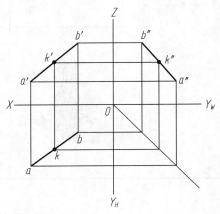

图 2-13　直线上的点

三、平面的投影

1. 平面的投影特性

形体的表面有各种位置，了解各种位置平面的投影特性有助于绘图和看图。平面相对于投影面来说也有平行、垂直和倾斜三种情况，各种位置平面的投影特性见表2-2。

表2-2　　　　　　　　　　　　　　各种位置平面的投影特性

名　称	立体图	投影图	投影特性
一般位置平面：倾斜于三个投影面的平面			三面投影都具有类似性，均为原平面图形的类似几何图形
投影面平行面：平行于一个投影面，垂直于另外两个投影面的平面。具体包括正平面、水平面、侧平面		正平面	在平面所平行的投影面上的投影具有显实性，是一反映实形的平面多边形，另外两面投影积聚成直线，且平行于相应的投影轴
		水平面	
		侧平面	

续表

名　称	立体图	投影图	投影特性
投影面垂直面：垂直于一个投影面，倾斜于另外两个投影面的平面。具体包括铅垂面、正垂面、侧垂面		铅垂面	
		正垂面	在平面所垂直的投影面上的投影具有积聚性，积聚成一条倾斜于投影轴的直线，另外两面投影均为原平面图形的类似形
		侧垂面	

2. 平面的点和直线

点在平面上的几何条件是：点在平面内的任意直线上，则该点必在此平面上。

直线在平面上的几何条件是：直线通过平面上的两点，或者直线通过平面上的一点且平行于平面上的另一直线，如图 2-14 所示。

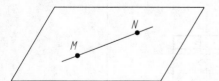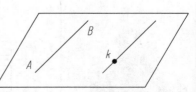

图 2-14　平面上的直线

点与平面位置关系的判定

模块三　基本体的投影及尺寸注法

如图 2-15 所示，根据表面性质不同，基本体可分为平面立体和曲面立体两大类。表面均为平面的立体称为平面立体，如棱柱、棱锥等；表面有曲面的立体称为曲面立体，常见的曲面立体是回转体，如圆柱、圆锥、圆球和圆环等。

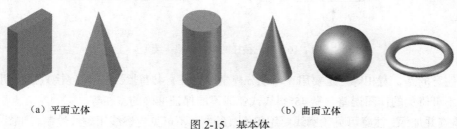

（a）平面立体　　　　　　　　　　　　　　（b）曲面立体

图 2-15　基本体

一、平面立体的投影

1. 棱柱的投影及表面取点

（1）正棱柱的投影

正棱柱由相同的矩形棱面和上、下底面围成，其中上、下底面的多边形为正多边形，且矩形棱面与上下底面是相互垂直的关系。

以正三棱柱为例，将正三棱柱垂直放置在三投影面体系中：将棱柱垂直于水平面 H 放正，上、下底面与 H 面平行，为水平面，在水平投影面上的投影反映实形，为正多边形；棱柱的三个侧面为铅垂面，其投影在俯视图积聚，并与上、下底面边框重合；使正三棱柱的一个侧面平行于 V 面，进行三面投影，如图 2-16（a）所示。

正三棱柱的投影画法如下。

① 分析形体结构，确定三个视图的位置，并先画俯视图，按对应关系确定正三棱柱高的位置，如图 2-16（b）所示。

② 根据三视图的投影关系绘制正三棱柱的三面投影图，如图 2-16（c）所示。

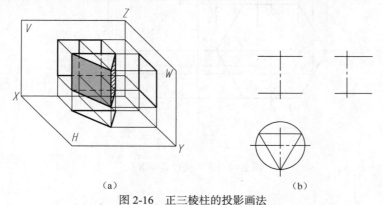

（a）　　　　　　　　　　　　　　（b）

图 2-16　正三棱柱的投影画法

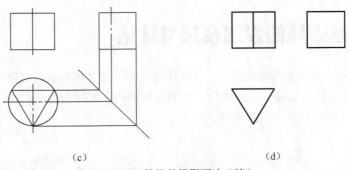

(c)　　　　　　　　　　　　(d)

图 2-16　正三棱柱的投影画法（续）

必须注意的是，宽相等一定要用直尺或分规量取保证，45°斜线或弧线连接只是标明宽相等，由于存在不可避免的作图误差，靠45°斜线或弧线不能保证准确的宽相等。

③ 检查并加深，注意可见轮廓线要用粗实线绘制，不可见轮廓线用虚线绘制，如图 2-16（d）所示。

（2）正棱柱的表面取点

图 2-17 所示为正六棱柱，该正六棱柱的各个表面都处于特殊位置（正前、正后两侧面为正平面，左前、左后、右前、右后四个侧面为铅垂面，上、下底面均为水平面），因此在表面上取点可利用积聚性原理作图。

已知棱柱表面上点 M 的 V 面投影 m'，求 H 面、W 面投影 m、m''。由于点 m' 是可见的，因而点 M 必定在 $ABCD$ 棱面上，而 $ABCD$ 棱面为铅垂面，H 面投影 $a（b）（c）d$ 具有积聚性，因此 m 必定在 $a（b）（c）d$ 上。根据 m' 和 m 利用"高平齐"和"宽相等"求出 m''。又已知点 N 的 H 面投影 n，求 V 面、W 面投影 n'、n''。由于 n 是可见的，因而点 N 在顶面上，而顶面的 V 面投影和 W 面投影都具有积聚性，因此 n'、n'' 在顶面的各同面投影上，如图 2-17 所示。

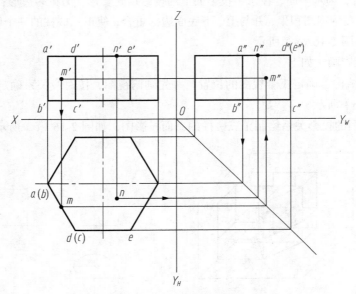

图 2-17　正六棱柱表面取点

2. 棱锥的投影及表面取点

棱锥由若干侧面和底面组成，棱锥的棱线相交于一点。正棱锥的底面是一个正多边形，锥顶在经过正多边形中心且与棱锥底面垂直的直线上。

（1）正棱锥的投影

现以正五棱锥为例，分析其投影特性及作图方法。如图2-18所示，将棱锥的底面与水平投影面平行并放正，棱锥底面在水平投影面H上的投影为正五边形，另两个投影为直线段；棱锥顶的投影为点投影，锥顶点在棱锥底面正上方处，距离等于棱锥的高；棱锥侧面投影为三角形线框或积聚为直线，对应投影成类似形。

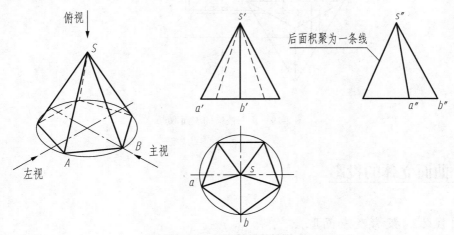

图2-18　正五棱锥的投影

（2）正棱锥的表面取点

图2-19所示为正三棱锥，该正三棱锥的四个表面中，底面为水平面，后侧面为侧垂面，左、右两个侧面为两个一般位置平面。因此，在底面和后侧面上取点可利用积聚性原理作图，但是在左、右两个侧面取点时就不能利用积聚性原理作图，需要用到平面上的点和直线的知识点做适当的辅助线完成作图。

已知点M的V面投影m'（可见），求作点M的其他两面投影m和m''。点M在棱面SAB上。方法一：过点M在平面SAB上作AB的平行线PQ，即作辅助线$p'm'q'$∥$a'b'$，由于P点在SA上，从p'向俯视图作"长对正"的辅助线，辅助线与sa的交点即为p，过p作ab的平行线pq，再由m'向俯视图上作"长对正"的辅助线，与pq的交点即为m。再根据m、m'求出m''；方法二：过锥顶S和点M作一辅助线SMK，由于K点在AB上，从k'向俯视图作"长对正"的辅助线，辅助线与ab的交点即为k，将sk相连接，从m'向俯视图作"长对正"的辅助线，辅助线与sk的交点即为m。

又已知点N的H面投影n（可见），求作点N的其他两面投影n'和n''。点N在侧垂面SCA上，因此，n''必定在$s''a''$（c''）上，从n向左视图作"宽相等"的辅助线，辅助线与$s''a''$的交点即为n''，再由n、n''可求出其V面投影n'。由于$\triangle SCA$面上的N点在V面上的投影被$\triangle SBC$平面遮挡住看不见，因此将n'记为（n'），如图2-19所示。

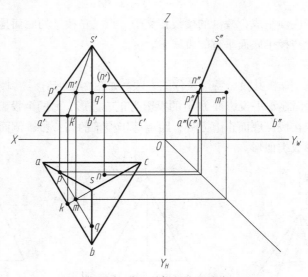

图 2-19　正三棱锥的表面取点

二、曲面立体的投影

1. 圆柱体的投影及表面取点

（1）圆柱体的投影

圆柱面是由一条直母线 AB 绕与它平行的轴线 OO_1 旋转 360° 形成的曲面，如图 2-20（a）所示。圆柱体的表面是由圆柱面、顶面和底面组成的。圆柱面上任意位置的母线称为素线。

将圆柱体垂直放入三投影面体系中，三面投影形成过程如图 2-20（b）所示，圆柱体的顶面和底面为水平面，其水平投影反映实形，其正面投影与侧面投影积聚为直线。

由于圆柱体轴线与水平投影面垂直，圆柱面上的所有素线都是铅垂线，所以圆柱面的水平投影积聚为一个圆。圆柱面上最左、最右的两条素线是圆柱前一半可见部分与后一半不可见部分的分界线，最前、最后的两条素线是圆柱左边可见部分与右边不可见部分的分界线，这种素线又称为极限位置素线。在曲面立体的投影中，每个投影面上的投影只需绘出该投影方向上可见与不可见部分的分界线。所以在圆柱体的主视图中只需绘制出圆柱表面最左、最右两条素线的投影 $a'b'$ 和 $c'd'$，在圆柱体的左视图中只需绘制出圆柱表面最前、最后两条素线的投影 $e''f''$ 和 $g''h''$，最后形成的圆柱体的三面投影图如图 2-20（c）所示。

（2）圆柱体的表面取点

圆柱面上有两点 M 和 N，已知其 V 面投影 n' 和 m'，且为可见，求 M 和 N 的另外两面投影。由于点 N 在圆柱体的最左素线上，其另外两投影可直接求出；而点 M 可利用圆柱面有积聚性的投影，先利用"长对正"求出点 M 的 H 面投影 m，再由 m 和 m' 求出 m''。点 M 在圆柱面的右半部分，故其 W 面投影 m'' 为不可见，如图 2-21 所示。

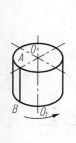

（a）圆柱体的形成

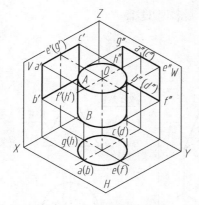

（b）圆柱体的三面投影形成过程

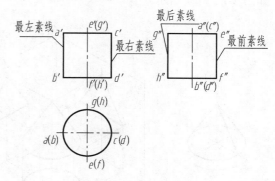

（c）圆柱体的三面投影

图 2-20 圆柱体的形成及其三面投影

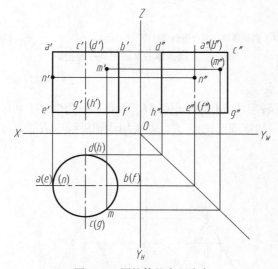

图 2-21 圆柱体的表面取点

绘制圆柱三视图

圆柱体表面上点的投影分析

2. 圆锥体的投影及表面取点

（1）圆锥体的投影

圆锥面是由一条直母线 SA 绕与它相交的轴线 OO_1 旋转 360° 形成的曲面，如图 2-22（a）所示。圆锥体的表面是由圆锥面和底面组成的。圆锥面上任意位置的母线称为素线。

将圆锥体垂直放入三投影面体系中，三面投影形成过程如图 2-22（b）所示，圆锥体的底面为水平面，其水平投影反映实形，即在俯视图中的投影为圆，其正面投影与侧面投影积聚为直线。

正圆锥体轴线与水平投影面垂直，其圆锥面的水平投影积聚为一个圆，锥顶点不画（点无大小）。圆锥面上最左、最右的两条素线是圆锥前面一半可见部分与后面一半不可见部分的分界线，最前、最后的两条素线是圆锥左边一半可见部分与右边一半不可见部分的分界线。在圆锥体的主视图中只需绘制出圆锥表面最左、最右的两条素线的投影 $s'a'$ 和 $s'b'$，在圆锥体的左视图中只需绘制出圆锥表面最前、最后的两条素线的投影 $s''c''$ 和 $s''d''$，最后形成的圆锥体的三面投影图如图 2-22（c）所示。

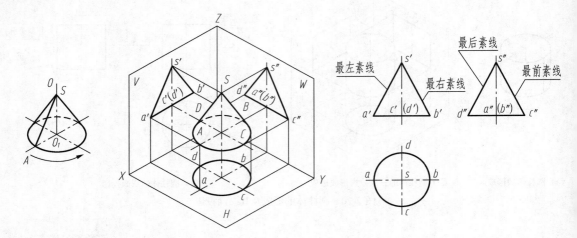

（a）圆锥体的形成　　　　（b）圆锥体的三面投影形成过程　　　　（c）圆锥体的三面投影

图 2-22　圆锥体的形成及其三面投影

（2）圆锥体的表面取点

如图 2-23 所示，最左转向线 SA 上有一点 M，已知其一个投影（如已知 m'），其他两个投影（m'、m''）即可直接求出。圆锥面上的点 K，则要用作辅助线的方法，才能由一已知投影求另外两个投影。

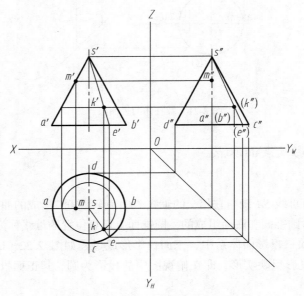

图 2-23　圆锥体的表面取点

圆锥表面上点的
投影分析

已知点 K 的 V 面投影 k'，求作点 K 的其他两个投影有两种作图方法。

方法一（素线法）：过点 K 与锥顶 S 作锥面上的素线 SE，即先过 k' 作 $s'e'$，由 e' 求出 e、e''，连接 se 和 $s''e''$，它们是辅助线 SE 的 H、W 面投影。点 K 的 H、W 面投影必在 SE 的同面投影上，从而求出 k 和 k''。

方法二（辅助圆法）：在锥面上过 K 点，垂直于轴线作一水平圆（辅助圆），则点 K 的各面投影必在该圆的各同面投影上。即过 k′作圆锥体轴线的垂线，与圆锥体最左、最右素线相交，两交点之间的线段长即为水平圆的直径，由此作出该圆的水平投影。点 K 在前半圆锥面上，由 k′ 向下作投影连线，与水平圆前半周交点即为 k，再由 k、k′求出 k″。

3. 球体的投影及表面取点

（1）球体的投影

　　圆球是由一个圆作为母线绕它自己的直径旋转 360° 形成的曲面。圆球的三面投影均为直径（或半径）与球直径（半径）相等的圆，圆球的各个投影虽然都是圆，但各个圆的意义却不相同：主视图上的圆是圆球前后半球的分界线素线的投影，俯视图上的圆是圆球上下半球的分界线素线的投影，左视图上的圆是圆球左右半球的分界线素线的投影，如图 2-24（a）所示。

　　圆球与平面的交线都是圆，如图 2-24（b）所示。

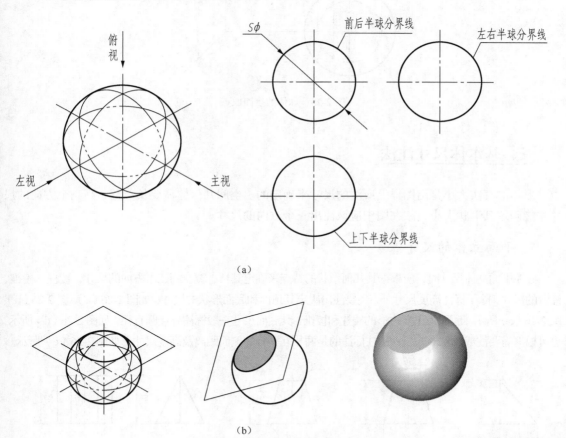

（a）

（b）

图 2-24　圆球投影分析

球面上点的投影分析

（2）球体的表面取点

　　已知圆球面上点 A、B、C 的 V 面投影 a′、（b′）、c′，试求各点的其他投影，如图 2-25 所示。因为 a′可见，且在前后半球的分界线上，故其 H 面投影 a 在水平对称中心线上，W 面投影 a″在垂直对称中心线上；（b′）不可见，且在垂直对称中心线上，故点 B 在左右半球分界线的后半部分，可由（b'）先求出 b''，然后求出（b）；以上两点均为特殊位置点，可直接作图求出它们的另外两个投影。

由于点 C 在球面上不处于特殊位置，故需作辅助圆求解。过 c' 作平行于 OX 轴的直线，与球的 V 面投影交于点 1'、2'，以 1'2' 为直径在 H 面上作水平圆，则点 C 的 H 面投影 c 必在此纬线圆上，由（c）、c' 求出（c''），因点 C 在球的右、下方，故其 H、W 面投影 c 与 c'' 均为不可见。

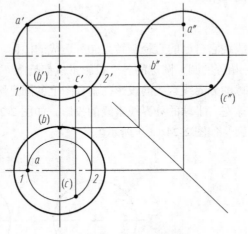

图 2-25　球体的表面取点

三、基本体尺寸注法

形体的真实大小是由图样上所注的尺寸来确定的。空间几何体需要长、宽、高三个方向的尺寸才能确定其形状大小，故在图中应该注出三个方向的尺寸。

1. 平面立体的尺寸注法

标注平面立体尺寸时，应根据其几何形状的特点来确定其长、宽、高三个方向的尺寸，棱柱、棱锥、棱台的尺寸，除了标注高度尺寸外，还要注出决定其顶面和底面形状的尺寸，如图 2-26（a）、图 2-26（b）、图 2-26（c）所示。底面为正多边形的棱柱和棱锥，其底面尺寸一般标注外接圆直径，如图 2-26（d）所示，也可根据需要注成其他形式。六棱柱标注的是两相互平行的侧面距离及高度尺寸，如图 2-26（e）所示。

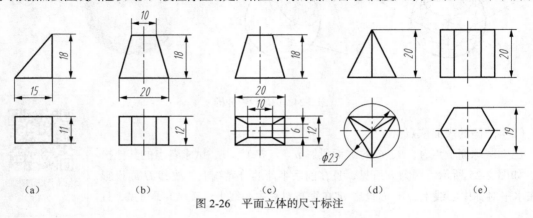

图 2-26　平面立体的尺寸标注

2. 曲面立体的尺寸注法

圆柱、圆锥、圆台应标注底圆直径和高度尺寸，直径尺寸一般注在非圆视图上，并在数字前加注符号"ϕ"。当把尺寸集中标注在一个非圆视图上时，这个视图即可表示清楚它们的形状和大小，如图2-27（a）、图2-27（b）、图2-27（c）所示。

标注球的尺寸时，需在直径数字前加注符号"$S\phi$"，如图2-27（d）所示。

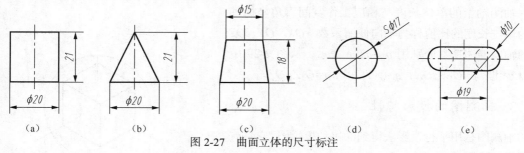

图 2-27　曲面立体的尺寸标注

模块四　轴测投影

通过正投影法获得的物体的三视图，虽然能够准确地表达物体的形状，但是缺乏立体感。轴测图是一种能同时反映物体长、宽、高三个方向形状的投影图，富有立体感，直观性好，易于读图。注意轴测图仍然属于投影图，不是三维图，它有立体感强、形象直观的优点，但是不能确切表达物体的形状和大小，且作图过程复杂，故一般在工程中仅作为辅助图样。

一、轴测图的基本知识

1. 轴测图的形成

如图2-28所示，将物体连同确定其工作空间位置的直角坐标系沿不平行于任意坐标面的方向，用平行投影法向单一投影面（称为轴测投影面）进行投射所得到的图形，称为轴测图。轴测图中几何体上的可见轮廓线用粗实线绘制，不可见轮廓线一般不用画出，特殊情况下才需要用虚线绘出。

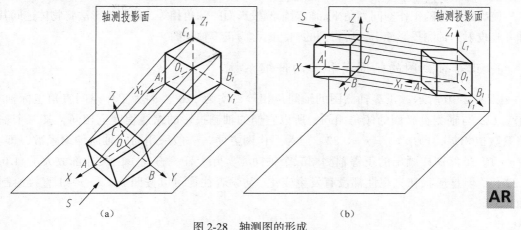

图 2-28　轴测图的形成

2. 轴测图的轴间角和轴向伸缩系数

（1）轴间角

如图 2-29 所示，工作空间直角坐标轴 OX、OY、OZ 的轴测投影 O_1X_1、O_1Y_1、O_1Z_1 称为轴测投影轴，简称轴测轴。轴测轴之间的夹角 $\angle X_1O_1Y_1$、$\angle Y_1O_1Z_1$、$\angle Z_1O_1X_1$ 称为轴间角。

（2）轴向伸缩系数

轴测轴上的单位长度与相应工作空间直角坐标轴上的单位长度的比值称为轴向伸缩系数。OX、OY、OZ 轴的轴向伸缩系数分别用 p、q、r 表示，从图 2-29 中可以看出：$p=O_1X_1/OX$，$q=O_1Y_1/OY$，$r=O_1Z_1/OZ$。

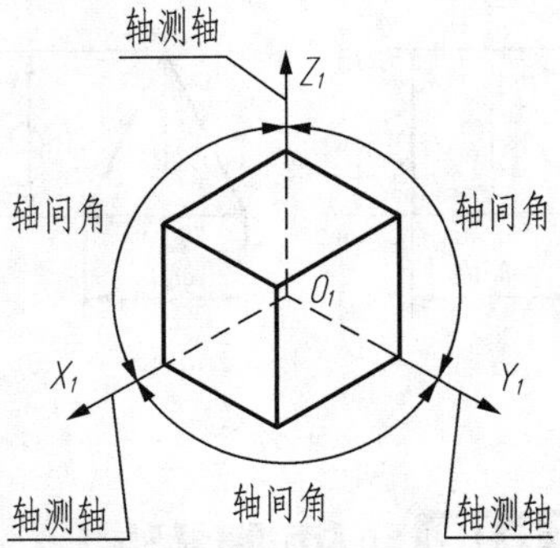

3. 轴测图的投影特性

轴测图是用平行投影法得到的一种投影图，它具有以下平行投影的特性。

① 物体上与坐标轴平行的线段，在轴测图中平行于相应的轴测轴。

② 物体上相互平行的线段，在轴测图中相互平行。

图 2-29　轴测图的轴间角和轴向伸缩系数

4. 轴测图的分类

根据投射方向对轴测投影面的相对位置不同，常用轴测图可分为正轴测图（投射方向垂直于轴测投影面）和斜轴测图（投射方向倾斜于轴测投影面）两大类。根据轴向伸缩系数的不同，这两类轴测图又各自分为下列三种。

① $p=q=r$，为正（或斜）等轴测图，简称正（或斜）等测。

② $p=q\neq r$ 或 $p=r\neq q$，为正（或斜）二等轴测图，简称正（或斜）二测。

③ $p\neq q\neq r$，为正（或斜）三轴测图，简称正（或斜）三测。

二、正等轴测图

使确定物体的工作空间直角坐标轴对轴测投影面的倾角相等，用正投影法将物体连同其坐标轴一起投射到轴测投影面上，所得到的轴测图称为正等轴测图。

1. 正等轴测图的轴间角和轴向伸缩系数

如图 2-30 所示，正等轴测图的轴间角相等，均为 120°。因为工作空间直角坐标轴 OX、OY、OZ 与轴测投影面的倾角相同，所以它们的轴测投影的缩短程度也相同，其三个轴向伸缩系数也相等，即 $p=q=r=0.82$。但为了作图方便，一般采用简化轴向伸缩系数，即 $p=q=r\approx 1$。虽然这样画出的正等轴测图三个轴向（实际上任一方向）的尺寸都放大了 $1/0.82\approx 1.22$ 倍，但是形状和直观性都没有发生变化。初学者往往可以按照 $p=q=r\approx 1$ 直接绘制正等轴测图。

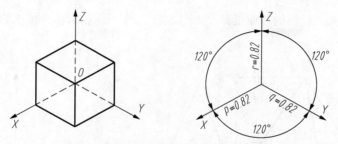

图 2-30　正等轴测图的轴间角、轴向伸缩系数

2. 平面立体的正等轴测图

画平面立体的正等轴测图，一般先按坐标画出物体上各点的轴测图，再由点连成线和面，从而画出物体的轴测图。这是最基本的方法。

【例 2-1】　已知正六棱柱的三面投影，如图 2-31（a）所示，作正六棱柱的正等轴测图。

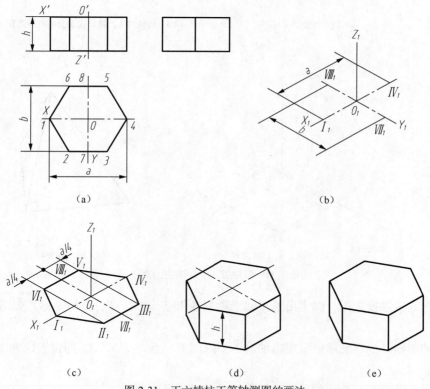

图 2-31　正六棱柱正等轴测图的画法

① 由于正六棱柱前后、左右对称，故选择顶面的中点作为坐标原点，棱柱的轴线作为 Z 轴，顶面的两对称线作为 X、Y 轴，如图 2-31（a）所示。

② 画轴测轴，定出 I_1、IV_1、VII_1、VIII_1 点，如图 2-31（b）所示。

③ 过点 VII_1、VIII_1 作 X 轴平行线，在所作两直线上各取 $a/4$，并连接各顶点，如图 2-31（c）所示。

④ 过各顶点分别沿 Z 轴向下画可见侧棱，量取高度 h，画底面各边，如图 2-31（d）所示。

⑤ 描深，擦去多余图线。效果图如图 2-31（e）所示。

【例2-2】 已知三棱锥的三面投影，如图2-32（a）所示，求作三棱锥的正等轴测图。

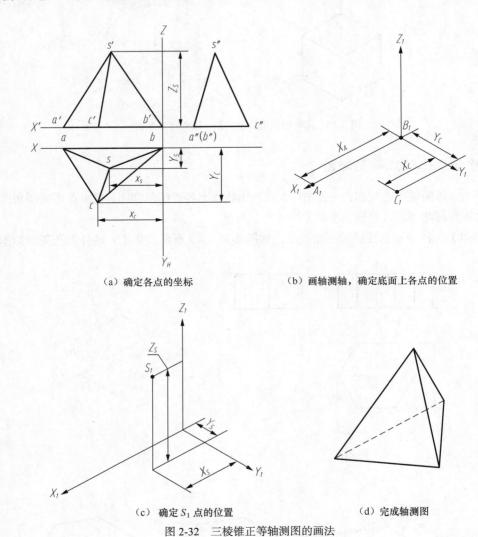

（a）确定各点的坐标　　　　　　（b）画轴测轴，确定底面上各点的位置

（c）确定 S_1 点的位置　　　　　　（d）完成轴测图

图2-32　三棱锥正等轴测图的画法

① 根据三棱锥投影图，确定出轴测轴投影和各角点 S、A、B、C 的坐标，如图2-32（a）所示。

② 画轴测轴，根据坐标值，定出轴测图中底面上三点 A_1、B_1、C_1 的位置，如图2-32（b）所示。

③ 定出在轴测图上 S_1 点的位置，如图2-32（c）所示。

④ 连接各点，完成三棱锥正等轴测图的绘制，如图2-32（d）所示。

3. 曲面立体的正等轴测图

曲面立体的轴测图主要涉及圆和圆角的轴测图画法。

（1）圆的正等测画法

在正等轴测图中，由于投影关系，实物图上的圆投射成为椭圆，其长轴、

圆的正等轴测图
画法

短轴的比都是相同的。长轴的方向与相应的轴测轴垂直，短轴的方向与相应的轴测轴平行。从图
2-33 中可以看出，平行于不同坐标面的圆的正等测图，除了椭圆长轴、短轴的方向不同外，其画
法都一样。

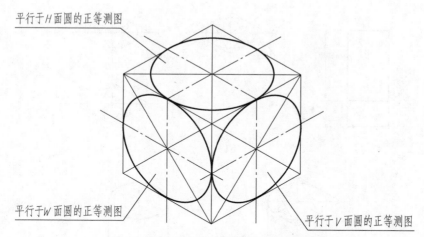

图 2-33　平行于投影面的圆的正等轴测图

正等轴测图的椭圆一般采用四心近似画法作图，即以四段圆弧光滑连接成近似椭圆，作图步
骤如图 2-34 所示。平行于正平面的圆和平行于侧平面的圆的正等轴测图画法与平行于水平面的圆
相同，只是所选坐标轴不同而已，如图 2-33 所示。

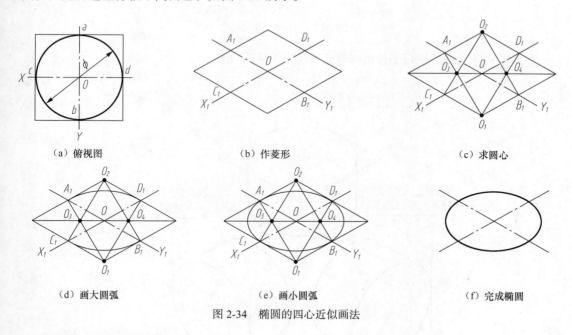

（a）俯视图　　　　　　　　　（b）作菱形　　　　　　　　　（c）求圆心

（d）画大圆弧　　　　　　　　（e）画小圆弧　　　　　　　　（f）完成椭圆

图 2-34　椭圆的四心近似画法

（2）圆柱的正等轴测图画法

画圆柱的正等轴测图，应先作顶面、底面的椭圆，再作两椭圆的公切线即可。

① 画出顶圆的正等轴测图，如图 2-35（b）所示。

② 向下量取圆柱的高度 h，画出底面的正等测圆，如图 2-35（c）所示。

③ 分别作两椭圆的公切线，如图 2-35（d）所示。

④ 擦去作图线并描深，完成圆柱的正等轴测图，如图 2-35（e）所示。

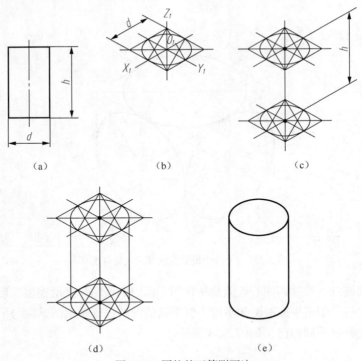

（a）　　　　　　（b）　　　　　　（c）

（d）　　　　　　　　（e）

图 2-35　圆柱的正等测画法

图 2-36 所示为底圆平行于各坐标面的圆柱的正等轴测图。

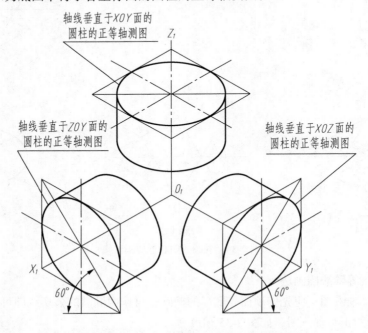

图 2-36　底圆平行于各坐标面的圆柱的正等轴测图

（3）圆角正等轴测图的画法

平行于坐标面的圆角是圆的一部分，其正等轴测图是椭圆的一部分。特别是常见的四分之一圆周的圆角，其正等轴测图恰好是近似椭圆的四段圆弧中的一段。从切点作相应棱线的垂线，即可获得圆弧的圆心。

① 画出图 2-37（a）所示平板上表面（矩形）的正等轴测图，如图 2-37（b）所示。

② 沿棱线分别量取 R，确定圆弧与棱线的切点；过切点作棱线的垂线，垂线与垂线的交点即为圆心，圆心到切点的距离即为连接弧半径 R_1 和 R_2；分别画出连接弧，如图 2-37（c）所示。

③ 分别将圆心和切点向下平移 h，如图 2-37（d）所示。

④ 画出平板下表面和相应圆弧的正等轴测图，作出左右两段小圆弧的公切线，如图 2-37（e）所示。

⑤ 擦去作图线并描深，完成圆角平板的正等轴测图的绘制，如图 2-37（f）所示。

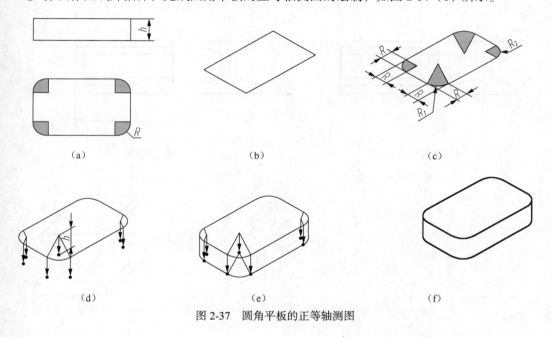

（a）　　　　　　　　　　　（b）　　　　　　　　　　　（c）

（d）　　　　　　　　　　　（e）　　　　　　　　　　　（f）

图 2-37　圆角平板的正等轴测图

三、斜二等轴测图简介

如图 2-38（a）所示，将形体放置成使它的一个坐标面平行于轴测投影面，然后用斜投影的方法向轴测投影面进行投影，得到的轴测图称为斜二等轴测图，简称斜二测图。

斜二测图的轴测轴、轴间角和轴向伸缩系数等参数如图 2-38（b）所示。从图中可以看出，轴间角 $\angle X_1O_1Y_1 = \angle Y_1O_1Z_1 = 135°$；$\angle X_1O_1Z_1 = 90°$；轴向伸缩系数 $p = r = 1$，$q = 0.5$。

斜二测图的特点是：物体上凡是平行于 XOZ 面的表面，其轴测投影反映实形。利用这一特点，当物体在某一个方向上互相平行的平面内形状比较复杂（或圆、圆弧较多）时，使其与 XOZ 面平行，能比较简单容易地画出斜二测图。

平面立体的斜二测图画法如图 2-39 所示，曲面立体的斜二测图画法如图 2-40 所示。

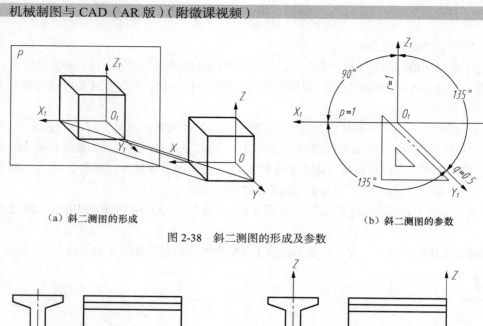

（a）斜二测图的形成

（b）斜二测图的参数

图 2-38　斜二测图的形成及参数

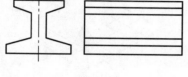

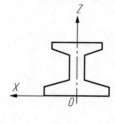

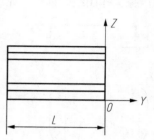

（a）平面立体的主、左视图

（b）确定坐标系

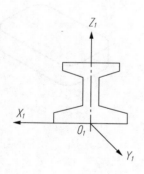

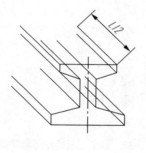

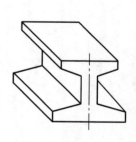

（c）画出 XOZ 面内的轮廓线

（d）画出 Y 方向的轮廓线

（e）描深并完成图样

图 2-39　平面立体的斜二测图画法

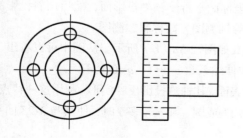

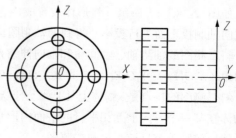

（a）曲面立体的主、左视图

（b）确定坐标系

图 2-40　曲面立体的斜二测图画法

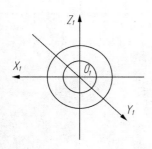  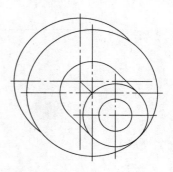

（c）从前向后依次画出圆柱的斜二测投影

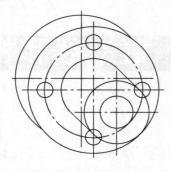 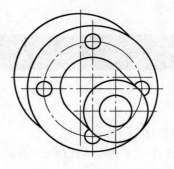

（d）完成 4 个均布圆孔的斜二测图 　　　（e）描深并完成图样

图 2-40　曲面立体的斜二测图画法（续）

学习情境三

截交线和相贯线

【情境概述】

机械零件中常见平面截切几何体的情况。平面与几何体相交，在立体表面产生的交线就是截交线。机件中几何体与几何体相交后，在它们表面上产生的交线就是相贯线。本学习情境中将介绍平面与圆柱、圆锥、圆球相交产生的截交线的绘制方法，两回转体相交产生的相贯线的绘制方法以及截断体和相贯体的画法。

【学习目标】

- 掌握截交线的概念及画法；
- 能够正确绘制截断体的三视图；
- 掌握相贯线的概念及画法；
- 能够正确绘制圆柱相贯体的三视图。

【教书育人】

在学习绘制相贯线的过程中，明确相贯线中特殊点的意义和方法。培养学生严谨踏实、一丝不苟、讲求实效的职业精神。

【知识链接】

模块一　截交线

当立体被平面截断成两部分时，用来截切立体的平面称为截平面，截平面与立体表面的交线称为截交线，截交线围成的平面图形称为截断面。截交线有以下两个基本性质。

（1）共有性。截交线是截平面和立体表面的共有线。

（2）封闭性。截交线是闭合的平面图形。

一、圆柱面截交线

圆柱体被平面切割，柱面与平面的截交线有表 3-1 所示的三种情况。

① 当截平面与圆柱体的轴线垂直时，截交线为圆。

② 当截平面与圆柱体的轴线平行时，截交线为矩形。

③ 当截平面与圆柱体的轴线倾斜时，截交线为椭圆。

表 3-1　　　　　　　　　　　　　　　　　　　　　圆柱面截交线

截平面垂直于轴线	截平面平行于轴线	截平面倾斜于轴线
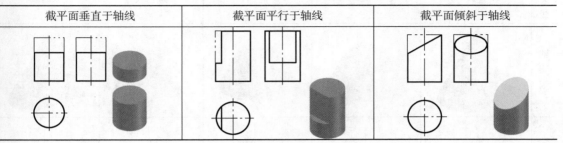		

圆柱面截交线的画图步骤如下。

① 画出圆柱体被切割之前的三视图。

② 在截平面垂直于投影面的视图上，确定截平面的位置。因截平面垂直于该投影面，所以截断面在该投影面上的投影为直线，根据立体图（或模型）确定截平面在该投影面上的投影。

③ 求截交线的其他两个视图。在圆柱面投影为圆的视图上，截交线的投影和圆重合，在圆柱面投影不为圆的视图上，根据前两个视图求出该投影面上的视图，如果投影为椭圆，要求出椭圆的长、短轴，再求出椭圆上的一些一般点，用曲线板连成光滑曲线。

④ 整理轮廓线，把切去的轮廓线擦除。

二、圆锥面截交线

圆锥体被平面切割时，锥面与平面的截交线可分为表 3-2 所示的五种情况。

① 当截平面过圆锥体的锥顶时，截断面为等腰三角形。

② 当截平面垂直于圆锥体的轴线时，截断面为圆。

③ 当截平面与圆锥体的轴线所成的角大于半锥角时，截交线为椭圆。

④ 当截平面与圆锥体的轴线所成的角等于半锥角，即截断面与圆锥体的素线平行时，截交线为抛物线。

⑤ 当截平面与圆锥体的轴线平行时，截交线为双曲线。

圆锥面截交线为曲线时的画图步骤如下。

① 画出圆锥体的三视图。

② 根据模型或立体图，确定截断面积聚为直线的投影。

③ 当截交线的投影为曲线时，要先求特殊点的投影。立体对投影面转向轮廓线上的点和特征点（如椭圆的长、短轴的端点，双曲线的顶点等）称作特殊点。

④ 用辅助素线法和辅助圆法求一般点的投影。一般点指不在转向轮廓线上，也不是特征点的点。

⑤ 用曲线板连接各点成光滑曲线。

表 3-2　　　　　　　　　　　　　　　　圆锥面截交线

截平面位置	过锥顶	垂直于轴线	倾斜于轴线（$\alpha > \beta$）	倾斜于轴线（$\alpha = \beta$）	平行或倾斜于轴线（$\alpha < \beta$）
截交线	直线	圆	椭圆	抛物线	双曲线
轴测图					
投影图					

注：α 为截断面和圆锥轴线的夹角，β 为圆锥的半锥角。

三、圆球面截交线

圆球体被平面切割，不论截平面处于什么位置，工作空间交线总为圆。当圆球体被投影面平行面切割时，截断面在其平行的投影面上的投影为圆，在其他两个投影面上的投影为直线。当圆球体被投影面垂直面切割时，截断面在其垂直的投影面上的投影为线段，在其他两个投影面上的投影为椭圆，见表 3-3。

表 3-3　　　　　　　　　　　　　　　　圆球面截交线

截平面为水平面	截平面为正平面	截平面为侧平面	截平面为正垂面

模块二 相贯线

相贯线是两个立体表面的公共线，相贯线上的点是两个立体表面的公共点。

一、圆柱正交相贯的三种情况

圆柱面和圆柱面的轴线垂直相交，称为正交。正交时，相贯线有两个对称面，相贯线在两个柱面反映为圆的视图上的投影为圆和圆弧，相贯线在两个柱面不反映为圆的视图上的投影为曲线。

圆柱正交相贯有三种情况，图 3-1（a）所示为实心圆柱与实心圆柱相正交其相贯线的情况；图 3-1（b）所示为实心圆柱与空心圆柱相正交其相贯线的情况；图 3-1（c）所示为空心圆柱与空心圆柱相正交其相贯线的情况。

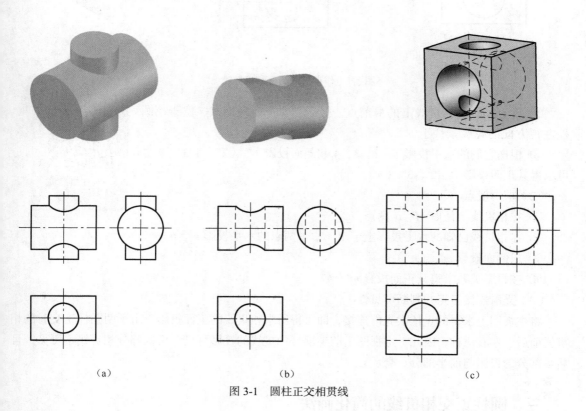

（a）　　　　　　　　　（b）　　　　　　　　　（c）

图 3-1　圆柱正交相贯线

二、圆柱相贯线的画法

相贯线是两相交基本体表面的共有线，是一系列共有点的集合。因此，求相贯线的投影就是求相贯线上一系列共有点的投影，并用光滑的连线依次连接各点。

83

当相交的曲面立体中有一个是圆柱面，且其轴线垂直于投影面时，则该圆柱面在所垂直的投影面上的投影积聚为一个圆，即相贯线上的点在该投影面上的投影也一定积聚在该圆上。其他投影可根据表面取点的方法求出。

表面取点法步骤如下。

（1）求特殊点

① 如图 3-2 所示，Ⅰ、Ⅱ点是相贯线上的最左点、最右点，位于两圆柱主视方向轮廓素线的交点上。

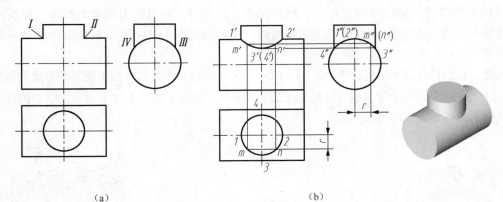

（a）　　　　　　　　　　　　　（b）

图 3-2　作正交两圆柱的相贯线

两圆柱相贯线
画法

② Ⅲ、Ⅳ点是相贯线上的最前点、最后点，也是最低点，位于小圆柱左视方向的轮廓素线上。

③ 根据它们的水平投影 1、2、3、4 和侧面投影 $1''$、$(2'')$、$3''$、$4''$，可求得其正面投影 $1'$、$2'$、$3'$、$(4')$。

（2）求一般点

① 在相贯线上任取 M、N 两点。

② 在相贯线已知的水平投影上定出 M、N 两点的水平投影 m、n。

③ 求侧面投影 m''、(n'')。

④ 按投影关系求得其正面投影 m'、n'。

（3）光滑连接各点并判断可见性

将主视图上求得的点依次光滑连接，即可得所求相贯线的正面投影。由于两圆柱正交时的相贯线前后、左右对称，因此，主视图中前半部分相贯线的投影可见，后半部分相贯线不可见，且后半部分的投影与前半部分重合。

三、圆柱正交相贯线的简化画法

在工程上，经常遇到两圆柱正交的情况，为了简化作图，允许用圆弧代替相贯线的非圆曲线。如图 3-3 所示，轴线垂直相交且平行于正平面的两圆柱相交，相贯线的正面投影以大圆柱的半径（$D/2$）为半径画圆弧即可。圆弧圆心的确定如图 3-3（a）所示，圆弧的绘制如图 3-3（b）所示。

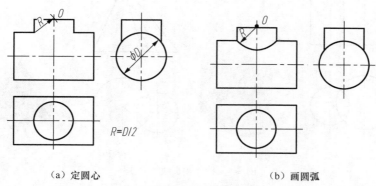

（a）定圆心　　　　　　　　　　　　（b）画圆弧

图 3-3　圆柱正交相贯线的简化画法

四、内相贯线的画法

当圆筒上钻有圆孔时，则孔与圆筒外表面及内表面均有相贯线，分别称为外相贯线和内相贯线。内相贯线和外相贯线的画法相同，内相贯线的投影由于不可见而画成虚线，如图 3-4 所示。

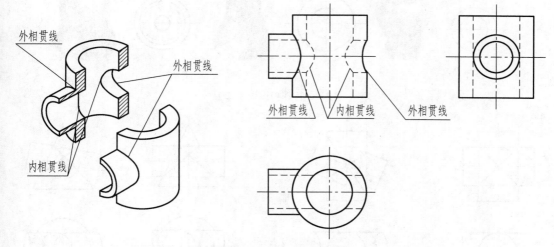

图 3-4　内、外相贯线的画法

五、两回转体相贯线的特殊情况

① 两圆柱轴线平行相交或两圆锥共锥顶相交时，其相贯线为直线，如图 3-5 所示。

② 当两回转体同轴相交时，其相贯线为平面曲线——圆。若该圆垂直于某投影面，则在该投影面中的投影为直线，如图 3-6 所示。

③ 两等直径回转体相交或两回转体同时公切于一球时，相贯线为平面曲线（椭圆）。若平面曲线与某投影面垂直，则其在该投影面中的投影为直线，如图 3-7 所示。

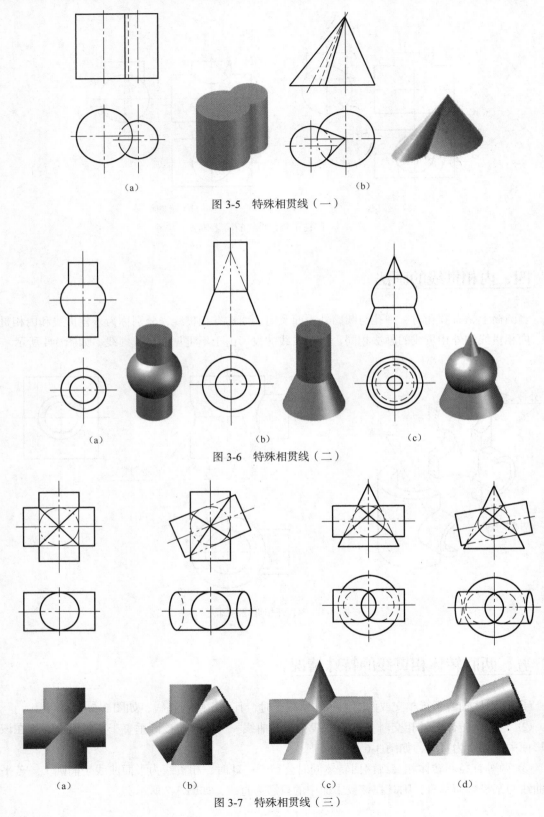

图 3-5 特殊相贯线（一）

图 3-6 特殊相贯线（二）

图 3-7 特殊相贯线（三）

学习情境四

组合体投影

【情境概述】

任何复杂的机器零件，从形体角度看，都是由一些基本体（棱柱、棱锥、圆柱、圆锥、圆球等）按一定连接方式组合而成的。由两个或两个以上基本体通过叠加、切割或穿孔等方式组合而成的立体称为组合体。本学习情境中将介绍组合体的形体分析、组合体三视图的画法、组合体的尺寸标注、组合体的读图方法，以及 AutoCAD 绘制组合体视图和轴测图的方法。

【学习目标】

- 掌握组合体的组合形式;
- 掌握组合体的视图画法;
- 学会正确、完整、清晰地标注组合体的尺寸;
- 掌握组合体视图的识读方法;
- 掌握组合体的正等轴测图绘制方法;
- 掌握应用 AutoCAD 绘制组合体三视图的方法;
- 掌握应用 AutoCAD 绘制组合体正等轴测图的方法。

【教书育人】

通过对组合体投影特征的学习，使学生正确认识图样与实体之间的转换规律，教会学生分析问题和解决问题的方法，培养学生实践第一和理论联系实际的观念。

【知识链接】

模块一 组合体的投影和轴测图

工程实际中的零部件多是以组合体的形式存在的，掌握组合体的投影和轴测图的画法，对于识读工程图样具有重要的基础作用。

一、组合体的形体分析

1. 组合体的组合形式

组合体的组合形式分为叠加、切割和综合。

（1）叠加

叠加是指不同基本体的表面贴合在一个平面上而形成组合体，它是构成组合体的基本形式，如图 4-1（a）所示。

（2）切割

切割是指用平面或回转面切除或挖掉基本体的某一部分而形成组合体，它是构成组合体的又一种基本形式，如图 4-1（b）所示。

（3）综合

既有叠加又有切割的组合形式称为综合，它是最常见的组合形式，如图 4-1（c）所示。

（a）叠加　　　　　　　　（b）切割　　　　　　　　（c）综合

图 4-1　组合体的组合形式

需要注意的是，组合体是一个整体，组合形式只是分析组合体的方法，而不是组合体成形的方法。

2. 组合体表面连接关系及画法

构成组合体的各基本体表面之间的连接关系可分为平齐、不平齐、相切和相交四种情况，如图 4-2 所示。

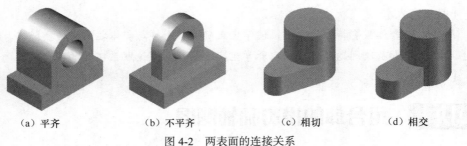

（a）平齐　　　　（b）不平齐　　　　（c）相切　　　　（d）相交

图 4-2　两表面的连接关系

（1）表面平齐或不平齐

当形体以平面接触时，若两表面平齐，则两形体表面衔接处不画分界线；若两表面不平齐，则在两形体表面的衔接处应画分界线，如图 4-3 所示。

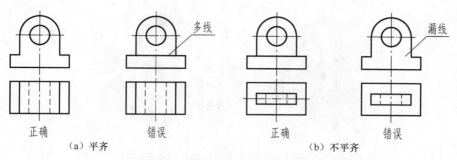

图 4-3　两表面平齐或不平齐的画法

（2）两表面相切

当平面与曲面或两曲面相切时，由于它们的连接处为光滑过渡，不存在明显的轮廓线，因而在相切处不画出分界线，如图 4-4 所示。

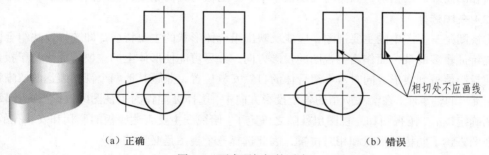

图 4-4　两表面相切的画法

（3）两表面相交

当两表面相交时，在相交处必须画出它们的交线（截交线或相贯线），如图 4-5 所示。

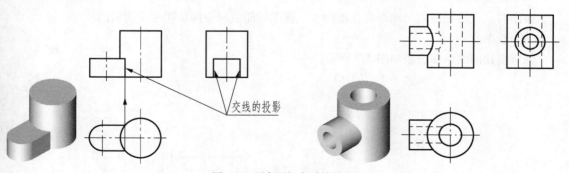

图 4-5　两表面相交时的画法

二、组合体视图的画法

画组合体视图的基本方法是应用形体分析法，分析它们的组合方式和相对位置，以及表面连接关系，从而有分析、有步骤地进行作图。现以图 4-6 所示的轴承座为例来说明组合体视图的画法。

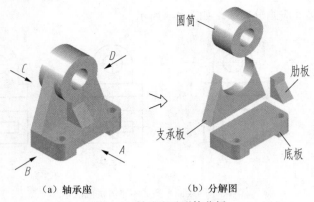

（a）轴承座　　　　　　　　　　（b）分解图

图 4-6　轴承座及形体分析

（1）形体分析

轴承座是用来支承轴承的，应用形体分析法可以把它们分解成四个基本体，并且支承板的左右侧面和圆筒外表面相切，圆筒与支承板不平齐，肋板与圆筒相交，交线由圆弧和直线组成。

（2）视图选择

主视图是三视图中的主要视图，应能反映出组合体形状的主要特征，即选择反映组合体形状和位置特征较多的某一面作为主视图的投影方向，并尽可能使形体上的主要表面平行于投影面，以便使投影能得到实形，同时考虑组合体的自然安放位置，兼顾其他两个视图表达的清晰性。如图 4-6 所示的轴承座，在箭头所指的各个投影方向中，选择 A 向作为主视图的投影方向比较合理。主视图确定以后，俯视图和左视图也就随之确定了。俯视图主要表达底板的形状和安装孔的位置，而左视图表达了肋板的形状和相对位置，因此选择三个视图是必要的。

（3）确定比例、选定图幅

视图确定后，便要根据实物大小，按标准规定选择适当的比例和图幅。在一般情况下，尽可能选用 1:1，图幅则要根据所绘制视图的面积大小来确定，并要留足标注尺寸和画标题栏的位置。

（4）布置视图

布图时，应将视图均匀地布置在幅面上，视图间的空间应保证能注全所需的尺寸。

（5）绘图

轴承座视图的作图过程如图 4-7 所示。

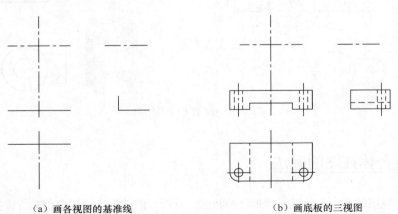

（a）画各视图的基准线　　　　　　　　　　（b）画底板的三视图

图 4-7　轴承座视图的作图过程

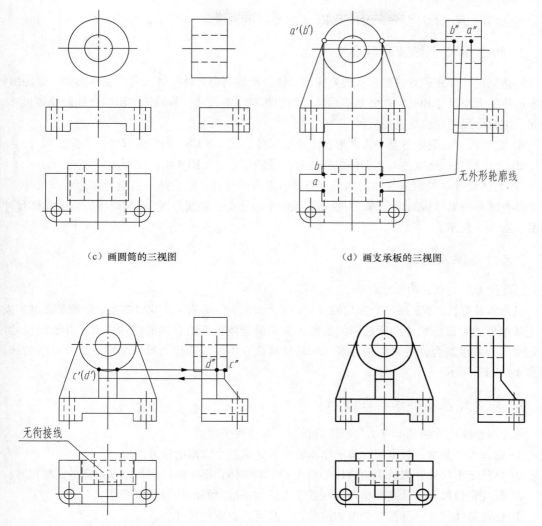

（c）画圆筒的三视图　　　　　　　　（d）画支承板的三视图

（e）画肋板的三视图　　　　　　　　（f）检查、加深

图 4-7　轴承座视图的作图过程（续）

三、组合体的尺寸标注

视图只能反映物体的结构形状，要确定物体的大小，还需要标注出尺寸。

1. 组合体尺寸标注的要求

组合体尺寸标注的要求是：正确、完整、清晰、合理。

① 正确：所注尺寸应严格遵守国家标准有关尺寸标注法的规定，标注的尺寸数字要准确。

② 完整：标注的尺寸要能确定出组合体各基本形体的大小和相对位置，不允许遗漏尺寸，也不要重复标注尺寸。

③ 清晰：尺寸的布置要整齐、清晰、恰当，便于阅读。

④ 合理：尺寸标注要保证设计要求，便于加工和测量。

2. 组合体尺寸标注的种类

要达到尺寸标注完整的要求，仍要应用形体分析法将组合体分解为若干基本形体，标注出各基本形体的大小尺寸和确定这些基本形体之间的相对位置尺寸，最后标注出组合体的总体尺寸。因此，组合体尺寸应包括下列三种。

① 定形尺寸：确定各基本形体形状大小的尺寸。图4-8（b）所标注尺寸均为定形尺寸。

② 定位尺寸：确定各基本形体之间相对位置的尺寸，如图4-8（c）所示。

③ 总体尺寸：确定组合体的总长、总宽、总高的尺寸。组合体一般应标注出总体尺寸，但对于具有圆和圆弧结构的组合体，为明确圆弧的中心和孔的轴线位置，可省略该方向的总体尺寸，如图4-8（d）所示。

3.尺寸基准及选择

标注尺寸的起点称为尺寸基准。

组合体具有长、宽、高三个方向的尺寸，每个方向至少应有一个尺寸基准，以便从基准出发，确定基本形体的定位尺寸。所选择的基准，必须最能体现该组合体的结构特点，并能使尺寸度量方便。一般以组合体的对称中心线、回转体轴线和重要端面作为尺寸基准。尺寸基准的选择如图4-8（a）所示。

4. 组合体尺寸标注的方法和步骤

标注组合体尺寸的基本方法是形体分析法，其标注步骤如下。

① 选择尺寸基准：根据组合体的结构特点，选取三个方向的尺寸基准。

② 标注定形尺寸：假想把组合体分解为若干基本体，逐个标注出每个基本体的定形尺寸。

③ 标注定位尺寸：从基准出发标注各基本体与基准之间的相对位置尺寸。

④ 标注总体尺寸：标注三个方向的总长、总高、总宽的尺寸。

⑤ 核对尺寸，调整尺寸的布局，达到所标注尺寸清晰。

轴承座的尺寸标注步骤如图4-8所示。

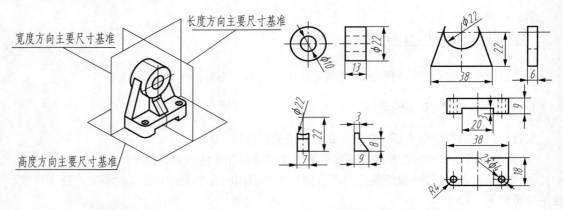

（a）确定尺寸基准   （b）标注定形尺寸

图4-8 轴承座的尺寸标注步骤

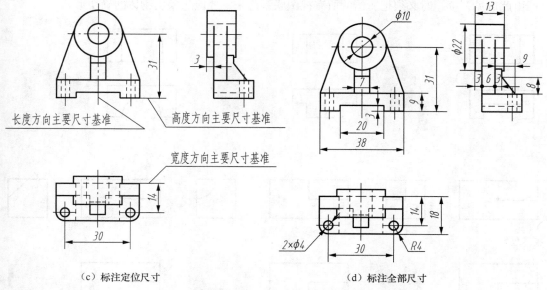

图 4-8　轴承座的尺寸标注步骤（续）

5. 组合体尺寸标注的注意事项

为便于看图，尺寸布局要清晰，排列要整齐。为此，标注组合体尺寸时应注意以下几点。

（1）突出特征

各组成部分的定形尺寸应尽量注在反映该部分形状特征最明显的视图上，如图 4-8（b）中底板的圆角尺寸 $R4$，应标注在投影为圆弧的俯视图上。

（2）相对集中

各组成部分的定形尺寸及定位尺寸，应相对集中于一两个视图上，便于看图时找尺寸。如图 4-8（b）中底板的定形尺寸 18、$2 \times \phi4$、$R4$ 和图 4-8（c）中的定位尺寸 30、14 集中标注在俯视图上。

（3）布局合理

尺寸尽量布置在两视图之间，便于对照。同方向的平行尺寸，应使小尺寸在内，大尺寸在外，如图 4-8（d）主视图中的尺寸 9、31 和俯视图中的尺寸 14、18。同方向的串联尺寸应排列在一直线上，如图 4-8（d）左视图中的尺寸 3、6 和 3。

四、识读组合体的三视图

1. 读图的基本要领

（1）注意几个视图联系起来读图

一个组合体通常需要几个视图才能表达清楚，一个视图不能确定物体形状。如图 4-9（a）、图 4-9（b）、图 4-9（c）所示，主视图都相同，但却表示三个不同的物体。有时只读两个视图也无法确定物体的形状，如图 4-9（d）、图 4-9（e）、图 4-9（f）所示，它们的主、俯两个视图完全相同，但实际上也可能是三个不同的物体。

由此可见，读图时必须把所给的所有视图联系起来，才能想象出物体的确切形状。

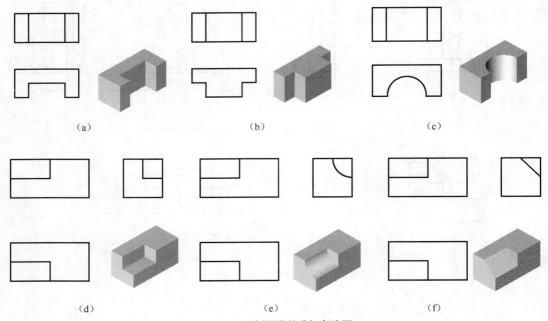

图 4-9　几个视图联系起来读图

（2）注意抓住特征视图

在读组合体的几个视图时，要善于分析最能反映组合体形状特征和位置特征的视图。

① 形状特征视图。形状特征视图即最能反映物体形状的视图。

② 位置特征视图。位置特征视图即最能反映物体位置的视图。

读图4-10（a）所示组合体的视图，如果只看主视图和俯视图，两个小基本体哪个凸出、哪个凹进去可能有两种情况，如图 4-10（b）和图 4-10（c）所示。但如果看到作为位置特征视图的左视图，如图 4-10（d）所示，圆柱凸出、四棱柱凹进去的形状就能确定了。图 4-10（d）所示主视图即为形状特征视图，最能反映组合体的形状。图 4-10（d）所示左视图即为位置特征视图，最能反映组合体中各部分的位置。

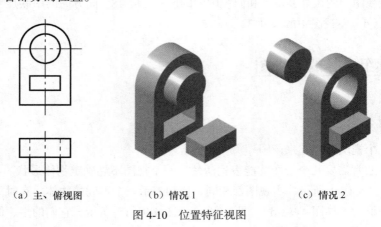

（a）主、俯视图　　　（b）情况 1　　　（c）情况 2

图 4-10　位置特征视图

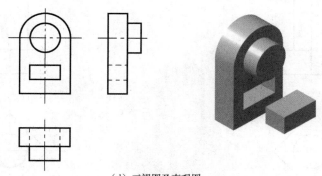

（d）三视图及直观图

图 4-10　位置特征视图（续）

（3）注意视图中的虚线、实线

虚线表示物体上被遮挡的轮廓线的投影。利用虚线的不可见性，对确定物体的形状、结构及相对位置很有用。如图 4-11 所示，俯、左视图均相同，通过分析主视图中的虚线，便很容易确定出物体的结构形状。

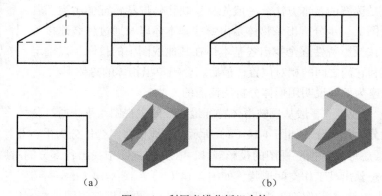

（a）　　　　　　　　　　　　　（b）

图 4-11　利用虚线分析组合体

（4）明确视图中线条和线框的含义

视图是由若干封闭线框组成的，而线框又是由线条构成的，因此弄清它们的确切含义和它们所表示的具体形体是十分必要的。

① 视图中的线条有直线和曲线，可表示下列情况。

a. 具有积聚性的表面，如图 4-12 所示的线条 1。

b. 表面与表面的交线，如图 4-12 所示的线条 2。

c. 回转面的轮廓素线，如图 4-12 所示的线条 3。

② 视图中的线框一般表示物体上表面的投影。

a. 一个封闭线框表示物体上的一个表面（平面或曲面），如图 4-13 所示的线框 1、2。

b. 相邻的两个封闭线框，表示物体上位置不同的两个面，如图 4-13 所示的线框 2、3。

c. 在一个大封闭线框内所包括的各个小线框，表示在大平面体（或曲面体）上凸出或凹进的各个小平面体（或曲面体），如图 4-13 所示的线框 4、5。

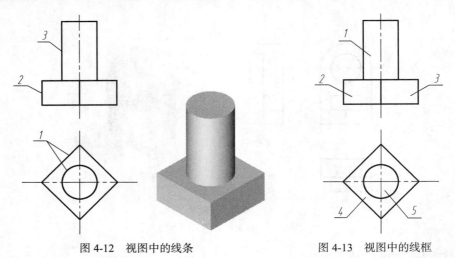

图 4-12　视图中的线条　　　　　　　　　图 4-13　视图中的线框

2. 组合体视图的读图方法

（1）形体分析法

形体分析法是读图的基本方法。一般先从反映物体形状特征的主视图着手，对照其他视图，初步分析出该物体是由哪些基本体以及通过什么连接关系形成的；然后按投影特性逐个找出各基本体在其他视图中的投影，以确定各基本体的形状和它们之间的相对位置；最后综合想象出物体的总体形状。

下面以轴承座为例，说明用形体分析法读图的方法。

形体分析法读图
原理

① 看视图，分线框。一般从反映形体特征最明显的主视图入手，通过分线框将组合体划分为几部分。如图 4-14（a）所示，按线框将组合体分为Ⅰ、Ⅱ、Ⅲ、Ⅳ四部分。

② 对投影，想形状。按三视图的投影规律，在其他视图中找出各部分的对应投影，并根据每部分的三视图想象出其工作空间形状，如图 4-14（b）～图 4-14（d）所示。

③ 综合起来想整体。确定出各部分形体的形状后，再根据三视图分析它们之间的相对位置和表面间的连接关系，就可以综合想象出组合体的整体形状，如图 4-14（e）所示。

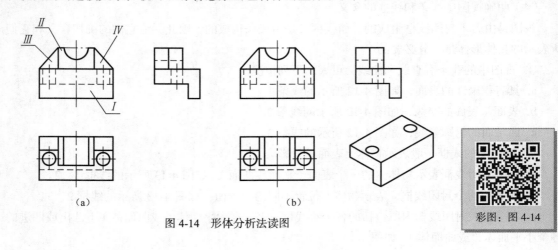

（a）　　　　　　　　　　　　　　　（b）

图 4-14　形体分析法读图

彩图：图 4-14

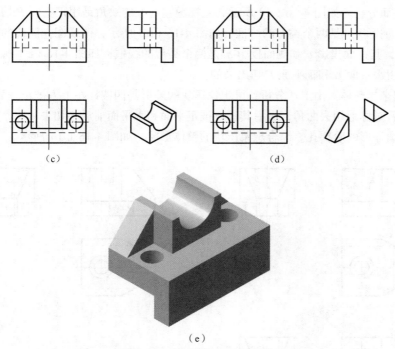

（c）　　　　　　　　　　　　　　　（d）

（e）

图 4-14　形体分析法读图（续）

（2）线面分析法

当形体被多个平面切割，形体形状不规则或在某视图中形体结构的投影关系重叠时，应用形体分析法往往难以读懂。这时，需要运用线、面投影理论来分析物体的表面形状、面与面的相对位置以及面与面之间的表面交线，并借助立体的概念来想象物体的形状。这种方法称为线面分析法。

线面分析法读图案例

下面以压块为例，说明线面分析的读图方法。

① 确定物体的整体形状。如图 4-15 所示，压块三视图的外形均是有缺角和缺口的矩形，据此可初步认定该物体是由四棱柱切割而成的，且中间有一个阶梯圆柱孔。

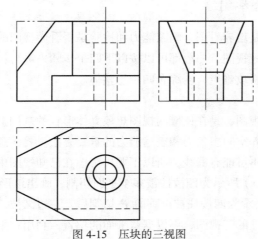

图 4-15　压块的三视图

② 进行线面分析。如图 4-16（a）所示，主视图左上方的缺角是用正垂面 P 切出来的，其水平投影 p 和侧面投影 p″ 是两个类似的线框；如图 4-16（b）所示，俯视图左侧前的缺角是用铅垂面 Q 切出来的，其正面投影 q′ 和侧面投影 q″ 是两个类似的线框；如图 4-16（c）所示，左视图下方的前缺口是用水平面 E 和正平面 F 切出来的。

③ 综合起来想整体。由上述分析，可想象压块的外形是四棱柱左上方被正垂面切去一角后，又被铅垂面前后对称地切去两角，最后其下方被正平面和水平面前后各切去一块，压块的中间又被挖去了一个圆柱形的阶梯孔。综合想象压块的整体形状，如图 4-16（d）所示。

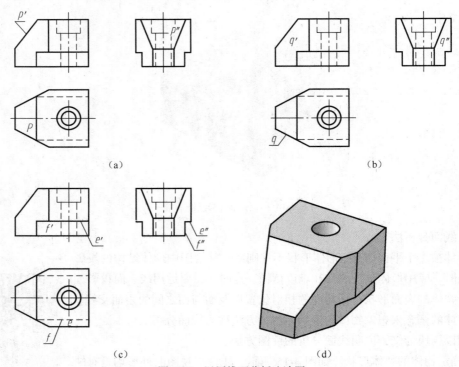

图 4-16　运用线面分析法读图

3. 组合体读图综合举例

补画视图和补画漏线是培养看图、画图能力和检验是否看懂视图的一种有效手段。无论补画视图、补画漏线，还是看三视图，一般都可以按以下四个步骤来进行：①分线框，对投影；②想形体，辨位置；③线面分析攻难点；④综合归位想整体。

（1）补画视图

已知两视图补画第三视图，是在读懂两视图想象立体形状的基础上，画出未知视图，是读图和绘图的综合练习，是培养空间想象力和表达能力的重要方法。要注意每个已知的视图一定是完整的视图，已知视图中都不可能有漏线，所以不要再考虑在已知视图中增加图线。

【例 4-1】　图 4-17（a）所示为四棱柱被多个平面切割，画出该形体的三视图。

分析：图 4-17（a）所示为四棱柱被正垂面 P 切割后，左边又被挖去了一矩形槽，要作出它的投影图，需先画出四棱柱的三视图，再根据截平面的位置，利用在平面立体表面上取点、取线的作图方法来作图。

作图：

① 确定主视图的投影方向，画出基本形体四棱柱的三视图，如图 4-17（b）所示。

② 根据截平面 P 的位置，画出它的具有积聚性的正面投影，再画出其水平投影和侧面投影，如图 4-17（c）所示。

③ 由于该形体左端的矩形槽是由两个正平面、一个侧平面切割而成的，因此根据切口尺寸，先画矩形槽具有积聚性的水平投影，再画正面投影，根据主、俯视图，利用投影规律，作出各点的侧面投影，连接各点，完成矩形槽的投影，如图 4-17（d）所示。

④ 擦去多余的图线，检查，即得物体的三视图。

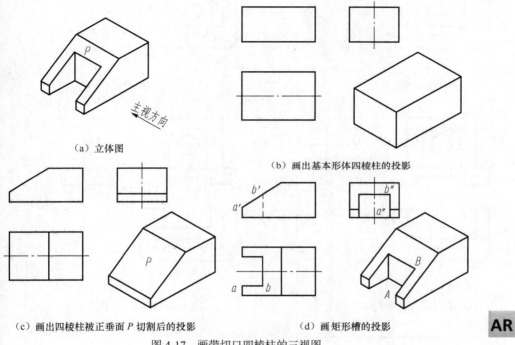

（a）立体图

（b）画出基本形体四棱柱的投影

（c）画出四棱柱被正垂面 P 切割后的投影　　（d）画矩形槽的投影

图 4-17　画带切口四棱柱的三视图

【例 4-2】　已知支座组合体的主、俯视图如图 4-18 所示，补画其左视图。

解：① 形体分析。在主视图上将支座分成三个线框，按投影关系找出各线框在俯视图上的对应投影；线框 1 是支座的底板，为长方体，其上有两处圆角，后部有矩形缺口，底部有一通槽；线框 2 是个长方形竖板，其后部自上向下开一通槽，通槽大小与底板后部缺口大小一致，中部有一圆孔；线框 3 是一个带半圆头的四棱柱，其上有圆形通孔。然后按其相对位置，想象出其形状，如图 4-19 所示。

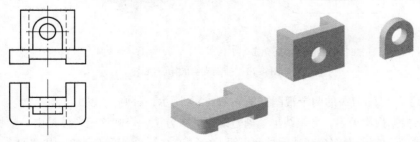

图 4-18　支座组合体主、俯视图　　　　图 4-19　与各线框对应的几何体

② 补画支座左视图。根据绘出的两视图，可以看出该形体是由底板、前半圆头棱柱和长方形竖板叠加后，切去两个通槽，钻一个通孔而形成，具体的作图步骤如图 4-20（b）~图 4-20（e）所示，最后加深，完成全图。

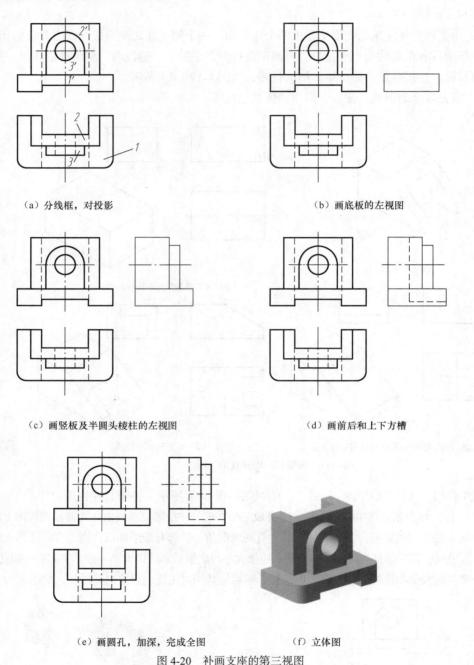

（a）分线框，对投影　　　　　　　　　　　　　（b）画底板的左视图

（c）画竖板及半圆头棱柱的左视图　　　　　　　（d）画前后和上下方槽

（e）画圆孔，加深，完成全图　　　　　（f）立体图

图 4-20　补画支座的第三视图

【例 4-3】　已知刀头的两个视图如图 4-21（a）所示，补画主视图。

解：① 根据投影关系，分离线框。通过线面分析方法，可知该组合体是由一个长方体先被一铅垂面和侧垂面切割左上部分，然后被两个铅垂面切掉左部的前后两个角，共被切去三块形成的。

根据左、俯视图分四个封闭线框，分别代表四个切面。

② 想象形体位置，画出每个面的形状。根据投影关系，很容易想到 1、2、3、4 四个面的形状，它们都是投影面垂直面，一个投影是直线，另两个投影是类似图形。

③ 综合起来想形状。

④ 分步补画主视图，如图 4-21 所示。

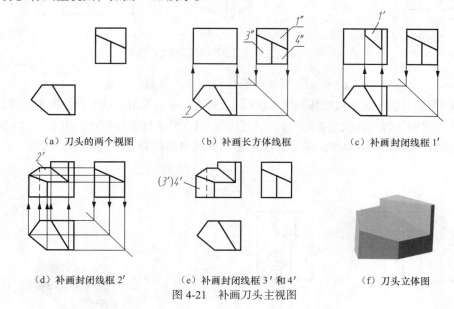

（a）刀头的两个视图　　　　（b）补画长方体线框　　　　（c）补画封闭线框 1′

（d）补画封闭线框 2′　　　（e）补画封闭线框 3′和 4′　　　（f）刀头立体图

图 4-21　补画刀头主视图

（2）补画漏线

补画漏线主要是利用形体分析法和线面分析法分析已知视图，读懂三视图所表达的组合体形状，然后补全视图中遗漏的图线，使视图表达完整、正确，要注意每个已知的视图中都有可能有漏线，也可能是完整的视图。

【例 4-4】　　如图 4-22（a）所示，补画主、左视图中缺漏的图线。

解：如图 4-22 所示，三视图表达的组合体主要由两个四棱柱叠加组成，两四棱柱的前面及左右两侧面不平齐，主、左视图缺三条粗实线，补画图线后如图 4-22（c）所示；俯视图中两同心半圆弧与主视图中的竖向虚线相对应，是两个半圆孔，主视图应补画两半圆孔的分界线，左视图应补画两半圆孔的轮廓线及分界线，补画图线后如图 4-22（d）所示；组合体上方开一矩形通槽，左视图应补画槽底线及通槽与大半圆孔的交线（向里收缩），并应去掉一段大半圆孔的轮廓线，补画后如图 4-22（f）所示。

彩图：图 4-22

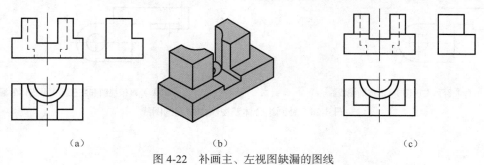

（a）　　　　　　　　（b）　　　　　　　　（c）

图 4-22　补画主、左视图缺漏的图线

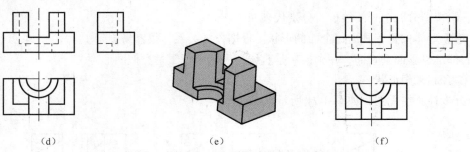

（d）　　　　　　　　　　（e）　　　　　　　　　　（f）

图 4-22　补画主、左视图缺漏的图线（续）

【例 4-5】　　如图 4-23（a）所示，补画组合体视图中所缺漏的图线。

解：①　形体分析，想出组合体形状。从图 4-23（a）可以看出，该组合体由Ⅰ、Ⅱ、Ⅲ、Ⅳ四部分组成，根据三等规律找出各部分的三个投影，综合想象出整体形状，如图 4-23（b）所示。

②　补漏线。根据物体形状，按三等规律逐一补画出各部分在三视图中的漏线，如图 4-24 所示。

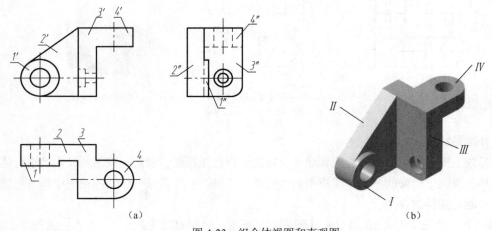

（a）

图 4-23　组合体视图和直观图

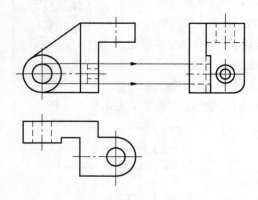

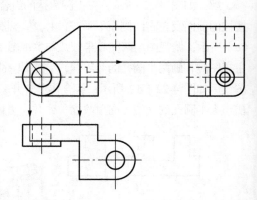

（a）补画左视图中Ⅰ形体的漏线　　　　　　　　（b）补画俯视图和左视图中Ⅱ形体的漏线

图 4-24　补画组合体三视图中缺漏的图线

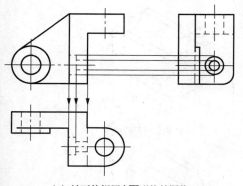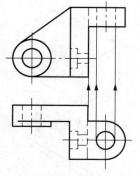

（c）补画俯视图中Ⅲ形体的漏线　　　　　　　　　（d）补画主视图中Ⅳ形体的漏线

图 4-24　补画组合体三视图中缺漏的图线（续）

彩图：图 4-24

五、组合体轴测图的画法

绘制组合体的正等轴测图时，也要像画组合体三视图一样，先进行形体分析，分析组合体的构成后再作图。作图时，可先画出基本体的轴测图，再利用切割法和叠加法完成全图。轴测图中一般不画虚线，作图时一般从前面或上面开始画起。另外，利用平行关系是加快作图速度和提高作图准确性的有效手段。

1. 切割型组合体正等轴测图的绘制

绘制图 4-25（a）所示切割型组合体的正等轴测图。

步骤如下：通过形体分析可知，该立体是由长方体切割形成的，首先用一个水平面和一个一般位置平面切掉左边一部分，其次是从左向右开通槽。作图时可先画出长方体的正等轴测图，再按逐次切割的顺序作图。画图步骤如图 4-25（b）~图 4-25（f）所示。

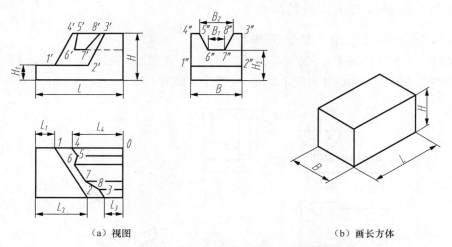

（a）视图　　　　　　　　　　　　　　　　（b）画长方体

图 4-25　切割型组合体正等轴测图画法

103

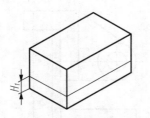

（c）画与投影面平行的水平截切面

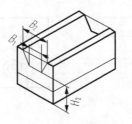

（d）画从左向右的通槽

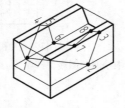

（e）画一般位置的截切面

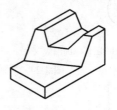

（f）整理、描深，完成全图

图 4-25　切割型组合体正等轴测图画法（续）

　　画切割型组合体正等轴测图的关键是如何确定截切平面的位置及求作截切平面与立体表面的交线。由图 4-25 的例子可以看出以下几点。

　　① 如果截切平面是投影面平行面，作图时只要一个方向定位，即沿着与截切平面垂直的轴测轴方向量取定位尺寸。其交线通常平行于立体上对应的线，如图 4-25（c）所示。

　　② 如果截切平面是投影面垂直面，作图时需要两个方向定位，即在截切平面所垂直的面上，分别沿两个轴测轴方向量取定位尺寸。其交线通常有一个与立体上的线平行，如图 4-25（d）所示。

　　③ 如果是一般位置平面，作图时需要在三个方向量取定位尺寸，用不在一直线上的三点确定截切平面位置，求出各顶点位置后，连线画出平面，如图 4-25（e）所示。如果一个一般位置平面有三个以上顶点，作图时要注意保证各点共面，可以用平面取点的方法求出其他各点。

2. 叠加型组合体正等轴测图的绘制

　　绘制图 4-26 所示叠加型组合体的正等轴测图。

　　步骤如下：分析视图可知，该立体是叠加型组合体，由底板、圆柱筒、支承板、肋板四部分组成。作图时按照逐个形体叠加的顺序画图。作图步骤如图 4-26（b）～图 4-26（f）所示。

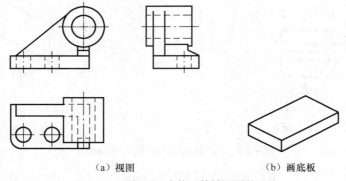

（a）视图　　　　　　　　　　　（b）画底板

图 4-26　叠加型组合体正等轴测图的画法

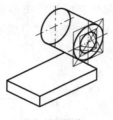

（c）画圆柱筒　　　　　　　　　　　　　（d）画支承板

（e）画肋板及底板上的圆孔和圆角　　　（f）整理、描深，完成全图

图 4-26　叠加型组合体正等轴测图的画法（续）

模块二　AutoCAD 绘制组合体三视图与正等轴测图

一、AutoCAD 绘制组合体三视图

学习情境一中已经比较详细地介绍了用 AutoCAD 绘制平面图形的方法，现以图 4-27 为例，介绍用 AutoCAD 绘制组合体三视图的基本方法和步骤。

用 AutoCAD 绘制组合体三视图的步骤与手工作图基本相同，关键是**作图时要保证尺寸准确、三视图之间的投影关系正确**。绘制三视图的基本原则是"长对正、高平齐、宽相等"。用 AutoCAD 绘制组合体三视图时，其"长对正、高平齐"，其可通过"对象捕捉""对象捕捉追踪""极轴追踪"等状态设置来实现。"宽相等"可以通过使用 45°辅助线的方法、用偏移命令绘制平行线的方法、坐标输入法等方法结合"对象捕捉追踪"一起使用来实现。

用 AutoCAD 绘制三视图的具体步骤如下。

① 形体分析。图 4-27 所示组合体可分解为底板、圆筒、耳板三部分。其中底板和圆筒叠加，耳板与圆筒相交。

② 新建图形文件。

③ 设置绘图环境。

④ 参照学习情境一，创建 A4 图幅、设置图层、设置文字样式、设置尺寸标注样式等。也可以直接调用 A4.dwt 图形样板文件，使用设置好的绘图环境。

⑤ 绘制视图。

a. 布置视图，绘制中心线。在"图层控制"下拉列表框中调出"中心线"图层作为当前层，选择"直线"和"偏移"命令，根据组合体长度方向、高度方向定位尺寸绘制图 4-28（a）所示基准线。

b. 绘制底板。从"图层控制"下拉列表框中调出"粗实线"图层作为当前层。选择"直线"

"圆"等命令，绘制底板的可见轮廓线，选择"修剪"命令将俯视图中多余的半个圆修剪掉。再从"图层控制"下拉列表框中调出"虚线"图层作为当前层。选择"直线"命令，绘制底板的不可见轮廓线，如图4-28（b）所示。

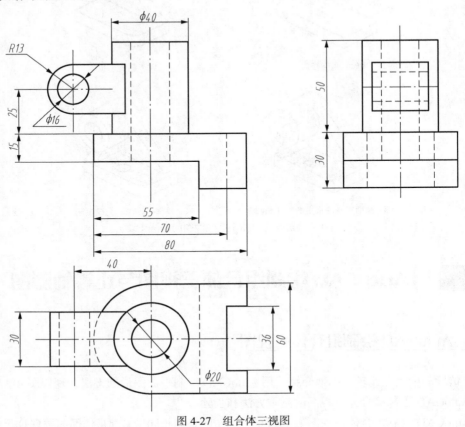

图4-27　组合体三视图

　　　　在绘图过程中设置"对象捕捉""极轴追踪"和"对象捕捉追踪"为开的状态，保证视图之间的"三等"关系。

c. 绘制圆筒。分别在"粗实线"图层和"虚线"图层，选择"直线"和"圆"命令，绘制圆筒的三视图，如图4-28（c）所示。

d. 绘制耳板。先在"中心线"图层绘制出耳板的中心线；调出"粗实线"图层，在俯视图上绘制出耳板的投影；利用"对象捕捉""极轴"和"对象捕捉追踪"等辅助方法"长对正"地绘制出耳板的主视图上的可见轮廓线；然后绘制耳板的左视图上的可见轮廓线；再调出"虚线"图层绘制耳板投影中的虚线，如图4-28（d）所示。

e. 整理图线。绘制耳板后，底板上的一部分轮廓线被耳板的轮廓线遮挡住了，因此要将该部分图线的线型由粗实线变换为虚线。这时可以使用"打断"按钮🔲及"对象捕捉"命令将底板上被耳板遮挡的部分去除，之后再调出"虚线"图层，用"圆弧"命令画出底板上的不可见轮廓线，编辑多余的图线。整理后的图形如图4-28（e）所示。

f. 标注尺寸。设置合适尺寸标注样式，使用"线性""圆""圆弧""连续""基线"等标注命令，完成图 4-28（f）所示的尺寸标注。

⑥ 保存图形文件。

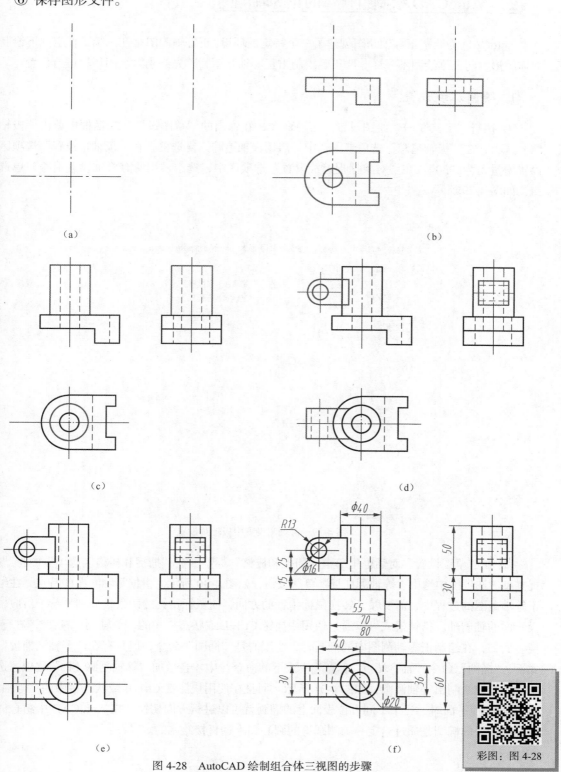

图 4-28 AutoCAD 绘制组合体三视图的步骤

彩图：图 4-28

二、AutoCAD 绘制组合体的正等轴测图

AutoCAD 为绘制正等轴测图创建了一个特定的环境。正等轴测图是在二维工作空间下绘制的立体图形，与三维绘图不一样。要正确绘制出正等轴测图，首先必须对绘图环境进行设置。

1. 绘图环境设置

① 执行"工具"→"绘图设置"菜单命令，在弹出的"草图设置"对话框中单击"极轴追踪"选项，在"极轴追踪"选项卡中选中"启用极轴追踪"复选框，在"极轴角设置"选项区中设置增量角为"30"。在"对象捕捉追踪设置"选项区中，选中"用所有极轴设置追踪"单选按钮，如图 4-29 所示。

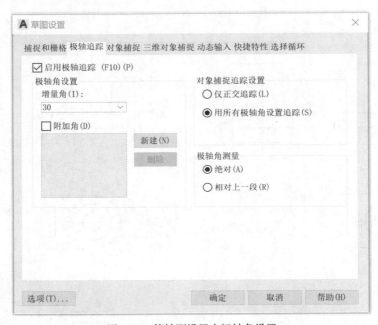

图 4-29　等轴测设置中极轴角设置

② 在"草图设置"对话框中单击"捕捉和栅格"标签。在"捕捉和栅格"选项卡中将"捕捉类型"选项区中选中"等轴测捕捉"单选按钮，如图 4-30 所示。根据等轴测图的特点，在绘制正等轴测图的过程中，需要频繁转换鼠标指针的方向，使鼠标指针的两条线分别平行于对应轴测投影面的轴测轴。指针模式可以通过使用快捷键 Ctrl+E 或状态栏中的"等轴测"按钮▨▨进行切换。例如，在绘制正等轴测图中的椭圆时，使用的是"椭圆"命令，但只有在"等轴测捕捉"模式下，"椭圆"命令"轴，端点"▨▨▨模式下的命令行中才会增加"等轴测圆（I）"选项，选择此项后才能绘制出等轴测圆，如图 4-31 所示。而且在使用快捷键 Ctrl+E 或状态栏中的"等轴测"按钮▨▨切换平面时，三个不同方位表面上的椭圆就可以进行方向切换。在 AutoCAD 中组合体正等轴测图里的椭圆是通过给定等轴测圆里的圆心和半径直接绘制的。

图 4-30　等轴测设置中的捕捉类型设置

⚙- ELLIPSE 指定椭圆的轴端点或 [圆弧(A) 中心点(C)]：（矩形捕捉时）	
⚙- ELLIPSE 指定椭圆轴的端点或 [圆弧(A) 中心点(C) 等轴测圆(I)]：（等轴测捕捉时）	

图 4-31　不同捕捉设置时椭圆命令行的不同提示

注意　　上述设置也可以在状态栏"捕捉模式"按钮上单击鼠标右键，在弹出的快捷菜单中单击"捕捉设置"选项，在弹出的"草图设置"对话框的"极轴追踪"或"捕捉和栅格"选项卡中进行设置。

2. 正等轴测图绘制实例

对于图 4-27 所示的三视图，用 AutoCAD 绘制对应的正等轴测图，其具体绘图步骤如下。

① 设置等轴测模式。

② 布置视图，绘制主要的定位中心线。

③ 绘制底板的轴测图，鼠标指针转换为"顶部等轴测平面"模式 ✓ 顶部等轴测平面，从"图层控制"下拉列表框中调出"粗实线"图层作为当前层。选择"直线"绘制完直线之后，调用"椭圆"命令，在系统提示 ⚙- ELLIPSE 指定椭圆轴的端点或 [圆弧(A) 中心点(C) 等轴测圆(I)]：时，选择"等轴测圆（I）"，以中心线的交点为圆心、10 为半径画出第一个椭圆，再重复"椭圆"命令，以中心线的交点为圆心、30 为半径画出第二个椭圆。然后选择"修剪"命令将多余的半个椭圆修剪掉，如图 4-32（b）所示。再用"直线"命令和"复制"命令完成底板的正等轴测图，如图 4-32（c）所示。

④ 绘制圆筒的轴测图。鼠标指针还是保留在"顶部等轴测平面"模式，调用"椭圆"命令中的"等轴测圆（I）"和"直线"命令完成圆筒的正等轴测图，如图 4-32（d）所示。

⑤ 绘制耳板的轴测图。先用"直线"命令和"偏移"命令绘制出耳板上圆筒的中心线。鼠

标指针转换为"右等轴测平面"模式，调用"椭圆"命令中的"等轴测圆（I）"和"直线"命令完成耳板上圆筒的正等轴测图，如图4-32（e）所示。

⑥ 绘制耳板与圆筒的交线。用"椭圆"命令中的"等轴测圆（I）"和"直线"命令将耳板与圆筒的交线绘制出来，如图4-32（f）所示。

⑦ 编辑多余的图线。整理后的图形如图4-32（g）所示。

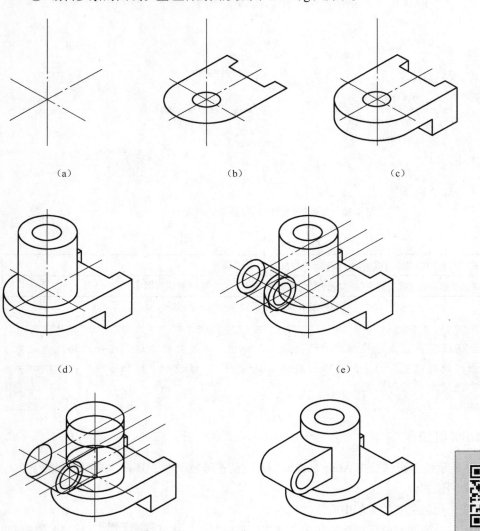

（a）   （b）   （c）

（d）   （e）

（f）   （g）

彩图：图4-32

图4-32　用AutoCAD绘制正等轴测图的步骤

学习情境五

机件的表达方法

【情境概述】

生产实际中，机械零件的结构形状是多种多样的。对于简单的机械零件，有时只用三视图就能将其结构表达清楚。但有些机件的内外形状都比较复杂，只用三视图往往不能完整、清晰地将机件结构表达出来。因此，国家标准《机械制图》与《技术制图》中规定了机件的各种表达方法。本学习情境中将介绍视图、剖视图、断面图、局部放大图、简化画法等机件的常用表达方法。

【学习目标】

- 熟悉各种视图的概念、画法和标注；
- 掌握各种剖视图的画法和标注；
- 掌握断面图的分类、画法和标注；
- 熟悉常用其他规定画法和简化画法；
- 掌握应用 AutoCAD 绘制机件剖视图的方法。

【教书育人】

通过学习各种不同机件的表达方法，引导学生运用比较法研究事物的共性与个性，寻找内在联系，能够透过现象抓本质，寻求物体本质上的区别。能够灵活运用其他表达方法，培养学生综合分析问题、解决问题的能力。

【知识链接】

模块一 机件外部形状的表达方法

用正投影法绘制出的机件图形称为视图。视图主要用来表达机件的外部结构和形状，一般用粗实线画出机件的可见部分，其不可见部分必要时也可用细虚线表示。视图通常分为基本视图、向视图、局部视图和斜视图四种。

一、基本视图

机件向基本投影面投影所得的视图，称为基本视图。

当机件的外部结构、形状在各个方向（上下、左右、前后）都不相同时，三视图往往不能清晰地把它表达出来。因此必须增加投影面，以便得到更多的视图。在原有的三个投影面的基础上再增加三个投影面，就构成了一个正六面体系（见图 5-1），国家标准将这六个面规定为基本投影面。向各基本投影面进行投影，即得到六个基本视图。

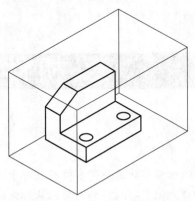

图 5-1　基本视图的获得

六个基本视图的名称和投影方向如下。

① 主视图：由前向后投影得到的视图。

② 俯视图：由上向下投影得到的视图。

③ 左视图：由左向右投影得到的视图。

④ 右视图：由右向左投影得到的视图。

⑤ 仰视图：由下向上投影得到的视图。

⑥ 后视图：由后向前投影得到的视图。

基本投影面的展开方法：V 面不动，其他各投影面按图 5-2 中方向转至与 V 面共面位置。主视图被确定之后，其他基本视图与主视图的配置关系也随之确定，此时，可不标注视图名称。展开后的六个基本视图的位置配置、投影规律以及各视图所表达的方位如图 5-3 所示。

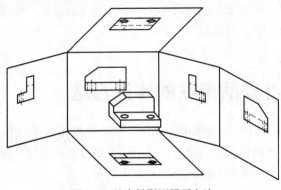

AR

图 5-2　基本投影面展开方法

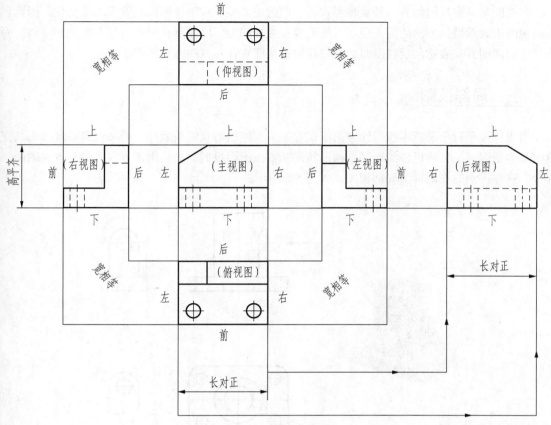

图 5-3　六个基本视图

基本视图的投影规律：主、俯、后、仰四个视图长对正；主、左、后、右四个视图高平齐；俯、左、仰、右四个视图宽相等。

二、向视图

在实际设计绘图中，为了合理地利用图纸，国家标准规定了一种可以自由配置的视图——向视图。

在绘制向视图时，应在向视图的上方标注"×"（×为大写英文字母 *A*、*B*、*C*、*D*、*E*、*F* 等），在相应视图附近用箭头指明投射方向，并标注相同的字母，如图 5-4 所示。

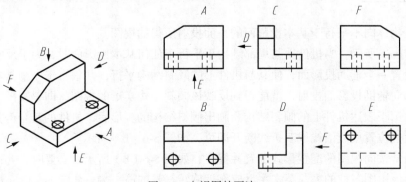

图 5-4　向视图的画法

向视图是基本视图的另一种表现形式，它们的主要差别在于视图的配置发生了变化。因此，在向视图中表示投射方向的箭头应尽可能配置在主视图上，以使所获视图与基本视图相一致。而绘制以向视图方式表达的后视图时，应将投射箭头配置在左视图或右视图上。

三、局部视图

当机件在平行于某基本投影面方向上仅有某局部结构形状需要表达，而又没有必要画出其完整的基本视图时，可将机件的局部结构形状向基本投影面投射，只画出该方向上的基本视图的一部分，这样得到的视图称为局部视图，如图 5-5 所示。

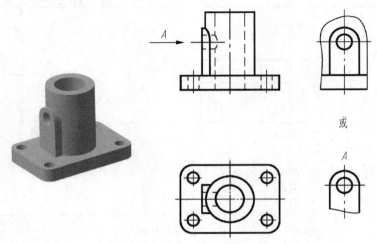

图 5-5　局部视图的画法

画局部视图时应注意以下几点。

① 局部视图的范围（断裂）边界用波浪线表示，如图 5-5 中局部视图 A 所示。但当表达的局部结构是完整的且外轮廓线又封闭时，波浪线可省略不画。

② 画局部视图时一般应标注，其方法与向视图相同。局部视图常画在其所反映局部的附近；当局部视图按投影关系配置而中间又没有其他视图隔开时，可省略标注。

四、斜视图

斜视图是物体向不平行于基本投影面的平面投射所得的视图。

如图 5-6（a）所示，当机件上某局部结构不平行于任何基本投影面时，为了反映该结构的真实形状，可设置一个辅助投影面，使其与机件上的倾斜结构平行，并垂直于一个基本投影面。然后将倾斜结构向辅助投影面投射，就能得到反映该倾斜结构实形的视图，即斜视图。

斜视图常用于表达机件上的倾斜结构。画出倾斜结构的实形后，机件的其余部分不必画出，在斜视图的适当位置用波浪线或双折线断开即可，如图 5-6（b）所示。

斜视图通常按向视图的配置形式配置并标注，如图 5-6（b）所示。必要时，允许将斜视图旋转配置，表示该视图名称的大写英文字母应靠近旋转符号的箭头端，如图 5-6（c）所示。也允许将旋转角度注写在字母之后。

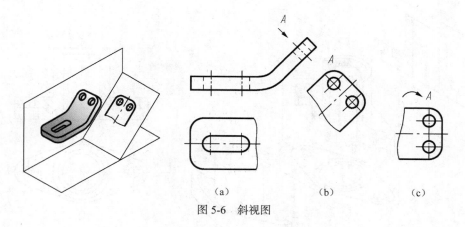

图 5-6　斜视图

模块二　机件内部形状的表达方法

当机件的内部结构比较复杂时，在视图中就会出现较多的虚线，这些虚线的存在既不利于读图又不便于标注尺寸，如图 5-7 所示。因此，常用剖视图或者断面图来表达机件的内部结构。

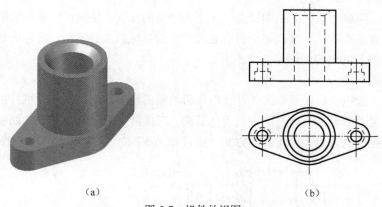

图 5-7　机件的视图

一、剖视图

1. 剖视图的形成

假想用剖切平面把机件剖开，移去观察者与剖切平面之间的部分，将其余部分向投影面投影，得到的图形称为剖视图，如图 5-8 所示。采用剖视图后，机件上不可见的内部轮廓成为可见，用粗实线画出，这样的表示方法给读图和标注尺寸带来方便。

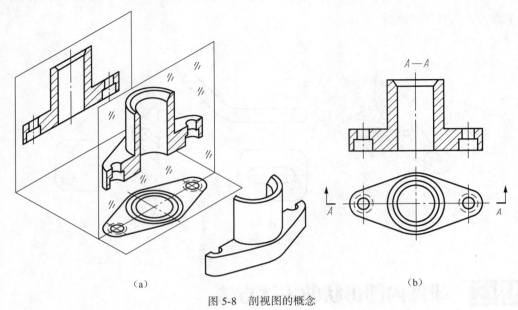

（a）

$A-A$

（b）

图 5-8　剖视图的概念

2. 剖视图的画法

（1）确定剖切平面的位置

画剖视图时，应根据机件的结构特点选择剖切平面的位置，使剖切后所画的剖视图能反映出需要表达部分的真实形状。一般剖切平面应通过机件的对称面或通过孔、槽等的轴线，且平行于投影面。图 5-9 所示的剖切平面为正平面。

（2）画剖视图

画剖视图时，应按投影关系画出机件被剖切后的断面轮廓和剖切平面后机件的可见轮廓。剖切平面后的不可见部分如在其他视图中已表达清楚，其虚线一般可省略不画，如在剖视图中画少量虚线可以减少视图的数量，简化表达方案，也可画出虚线，如图 5-9 中的主视图。

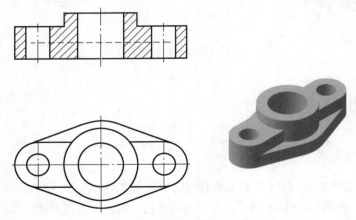

图 5-9　剖视图中必要的虚线

（3）剖面符号

剖切平面与机件接触的部分，为剖面区域。剖面区域是剖切平面与机件相交所得的交线围成的图形。剖面区域内要画出剖面符号。国家标准规定了各种材料的剖面符号，见表 5-1。

表 5-1　　　　　　　　　　　　　　剖面符号

材料名称	剖面符号	材料名称		剖面符号	材料名称	剖面符号
金属材料（已有规定剖面符号的除外）		玻璃及供观察用的其他透明材料			混凝土	
线圈绕组元件		木材	纵剖面		钢筋混凝土	
转子、电枢、变压器和电抗器等的叠钢片			横剖面		砖	
非金属材料（已有规定剖面符号者除外）		木质胶合板（不分层数）			格网（筛网、过滤网等）	
型砂、填砂、粉末冶金、砂轮、陶瓷刀片、硬质合金刀片等		基础周围的泥地			液体	

注：剖面符号仅表示材料的类别，材料的名称和代号必须另行注明。

一张图样中，一个机件的所有剖视图的剖面符号应该相同。例如，金属材料的剖面符号都画成与水平线成 45°（可向左倾斜，也可向右倾斜）且间隔均匀的细实线。

3. 剖视图的标注

为了便于读图、查找剖视图与其他视图间的对应关系，需对剖视图进行标注。一般应在相应的视图上用剖切符号表示剖切平面的位置，用箭头表示投影方向，并注上字母，在剖视图正上方注出相应的字母"×—×"，如图 5-10 所示的 A—A 剖视图。

剖切符号用断开的粗实线表示，线长为 5～10mm，应尽可能不与图形的轮廓线相交。

剖视图如同时满足以下三个条件，可不加标注。

① 剖切平面是单一的，而且平行于基本投影面。

② 剖视图配置在相应的基本视图位置。

③ 剖切平面与机件的对称面重合。

完全满足以下两个条件的剖视图，在剖切符号的两端可以不画箭头。

① 剖切平面是基本投影面的平行面。

② 剖视图配置在基本视图位置，且中间又没有其他图形间隔。

4. 剖视图的种类

剖视图按剖切到机件的不同范围可分为全剖视图、半剖视图、局部剖视图。

（1）全剖视图

用剖切平面完全地剖开机件后所得到的剖视图称为全剖视图，如图 5-8（b）所示。全剖视图一般用于表达结构不对称且外部结构简单而内部结构较复杂的机件。

（2）半剖视图

当机件具有对称平面，向垂直于对称平面的投影面上投影时，以对称中心线为界，一半画成视图，用以表达机件外部结构形状，另一半画成剖视图，用以表达机件内部结构形状，这种图形称为半剖视图，如图 5-10 所示。

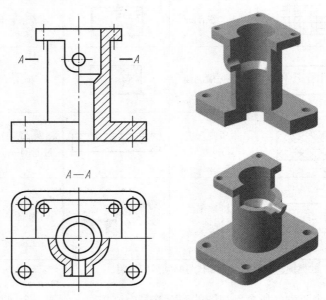

图 5-10　半剖视图

半剖视图既表达了内部结构特征，又保留了外部形状特征，因此适用于内、外形状特征都需要表达的对称机件。

画半剖视图应注意以下问题。

① 在半剖视图中，半个视图和半个剖视图的分界线是机件的对称线，必须是细点画线。

② 由于图形对称，机件的内部形状已在半个剖视图中表达清楚，所以在表达外形的半个视图中，细虚线应省略不画。

③ 半剖视图的标注与全剖视图相同，如图 5-10 所示。剖切时认为全部剖开，画图时视图和剖视图各取一半画出。

（3）局部剖视图

剖切面局部地剖开机件所得的剖视图称为局部剖视图。局部剖视图常用于内、外结构特征都要表达的不对称机件或不宜做半剖视的机件，如机件上的孔、槽等。如图 5-11 所示，为了更清晰地表达箱体的内部和外部结构，可以采用局部剖视图表达箱体的结构特征。

半剖视图的画法及案例

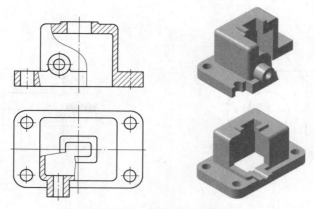

图 5-11 局部剖视图

局部剖视图中，剖视与未剖视部分的分界线为波浪线，波浪线表示机件不规则断裂的边界线。

局部剖视图不受机件是否对称的限制，可根据机件结构、形状特点灵活地选择剖切位置和范围，故而它应用广泛，常用于下列几种情况。

① 不对称机件，既需要表示外形又需要表示内形时，如图 5-11 所示。

② 机件上仅需要表示局部内形，但不必或不宜采用全剖视画法时，如图 5-12（a）、图 5-12（b）所示。

③ 对称机件的内形或外形的轮廓线正好与图形对称中心线重合，因而不宜采用半剖视画法时，如图 5-12（c）～图 5-12（e）所示。

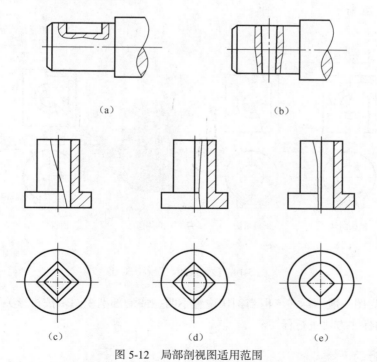

（a）   （b）

（c）   （d）   （e）

图 5-12 局部剖视图适用范围

画局部剖视图时应注意以下问题。

① 波浪线不能与视图中的轮廓线重合，也不能画在其延长线上，如图 5-13（a）、图 5-13（b）

所示。

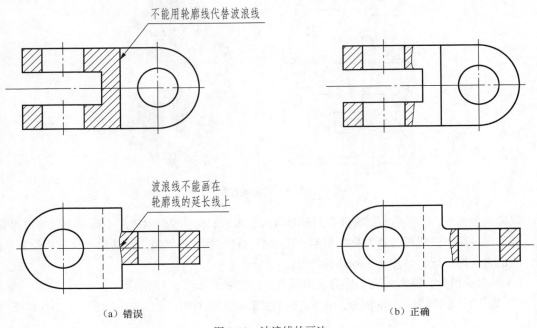

图 5-13　波浪线的画法

② 波浪线不能超出视图的轮廓线，只能画在机件的实体部分，如遇孔、槽等中空结构应断开画出，如图 5-14 所示。

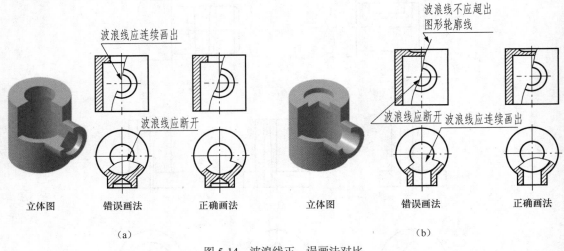

图 5-14　波浪线正、误画法对比

③ 局部剖视图一般不标注，但当剖切位置不明显或局部剖视图未按投影关系配置时，则必须按全剖视图的标注方法进行标注。

5. 剖切面的种类

（1）单一剖切面

单一剖切面又分为以下两类。

① 单一剖切平面：用一个平行于某基本投影面的平面作为剖切平面剖开机体。它应用较多，如前述的全剖视图、半剖视图、局部剖视图都是采用这种剖切平面剖切的。

② 单一斜剖切平面：用一个不平行于任何基本投影面的剖切平面剖开机件。这种剖切方法称为斜剖，如图 5-15 所示。斜剖视图标注不能省略，最好配置在箭头所指方向，也允许放在其他位置。允许旋转配置，但必须标出旋转符号。

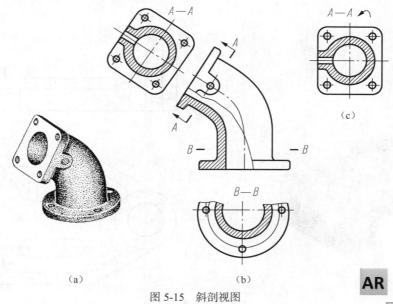

图 5-15 斜剖视图

（2）几个相交的剖切面

几个相交的剖切面必须保证其交线垂直于某一基本投影面。用两相交的剖切平面剖开机件的方法称为旋转剖。适用范围：可用于表达轮、盘类机件上的孔、槽结构，以及具有公共轴线的非回转体机件，如图 5-16 所示。在画旋转剖视图时，必须标出剖切位置，在它的起讫和转折处用相同字母标出，并指明投影方向。

旋转剖视图的画法及案例

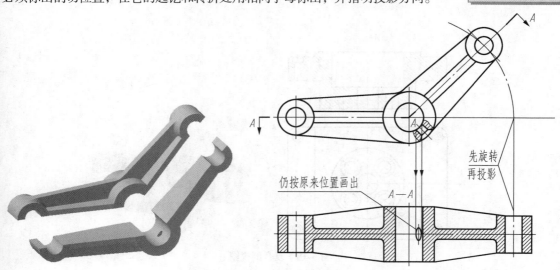

图 5-16 旋转剖视图

（3）几个平行的剖切平面

用几个平行的剖切平面剖开机件的方法通常称为阶梯剖，如图 5-17 所示。几个平行的剖切平面可能是两个或两个以上，各剖切平面的转折处必须是直角，且转折处在剖面区域内不应画线。注意剖切平面的转折处不要与视图中的轮廓线重合，还要正确选择剖切平面的位置，在图形内不应出现不完整的要素。

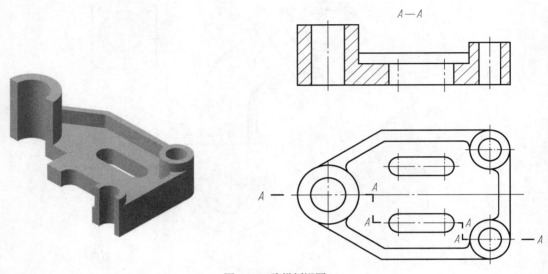

图 5-17　阶梯剖视图

（4）组合的剖切平面

在以上各种方法都不能简单而又集中地表示出机件的内形时，可以把它们结合起来应用，这种剖视图就称为复合剖视图，如图 5-18 所示。使用这种方法作剖视图时，应将各剖切平面当成一个平面作图。

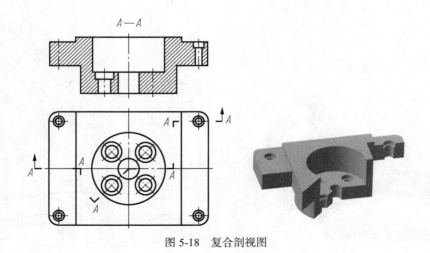

图 5-18　复合剖视图

二、断面图

1. 断面图的概念

断面图是假想用剖切面将物体的某处切断，仅画出该剖切面与物体接触部分的图形，如图 5-19 所示。

断面图的画法
及案例

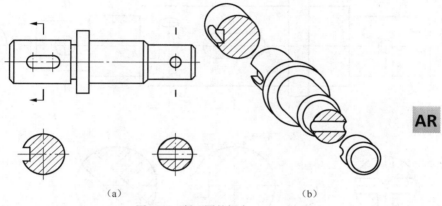

（a）　　　　　　　　　　　　　　（b）

图 5-19　断面图的概念

如图 5-20 所示的吊钩，只画了一个主视图，并在几处画出了其断面形状，就能把整个吊钩的结构形状表达清楚，比用多个视图或者剖视图显然更为简便。

断面图与剖视图的区别在于断面图只画出剖切平面和机件相交部分的断面形状，而剖视图则需把断面和断面后可见的轮廓线都画出来，如图 5-21 所示。

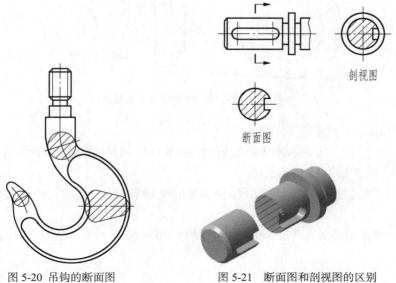

剖视图

断面图

图 5-20　吊钩的断面图　　　　　　图 5-21　断面图和剖视图的区别

2. 断面图的分类

断面图分为移出断面图和重合断面图。

（1）移出断面图

画在视图轮廓之外的断面图为移出断面图。移出断面图的轮廓线用粗实线画出，可配置在剖切位置线的延长线上或其他适当的位置，如图 5-22 所示。当断面图对称时，也可配置在视图的中断处，如图 5-23 所示。

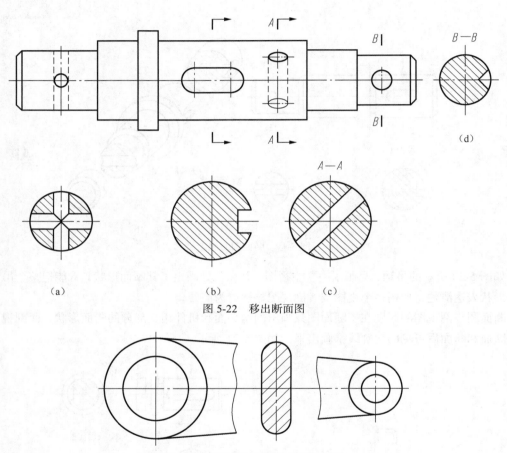

图 5-22　移出断面图

图 5-23　移出断面图画在视图中断处

画移出断面图时应注意以下三点。

① 当剖切平面通过由回转面形成的孔或凹坑的轴线时，这些结构应按剖视绘制，如图 5-22（a）和图 5-22（c）、图 5-22（d）所示断面。

② 当剖切平面通过非圆孔，导致出现完全分离的两个断面图时，应按剖视图绘制，如图 5-24（b）所示。

③ 由两个或多个相交的剖切平面剖切所得的移出断面图，中间一般应断开绘制，如图 5-25 所示。

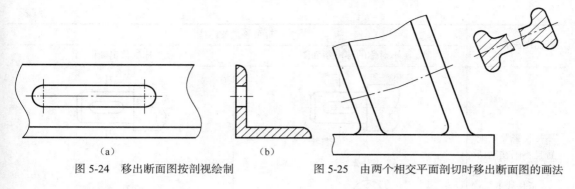

（a）	（b）	

图 5-24 移出断面图按剖视绘制　　　　　图 5-25 由两个相交平面剖切时移出断面图的画法

（2）重合断面图

画在视图轮廓线内部的断面图称为重合断面图。图 5-26 所示为重合断面图。

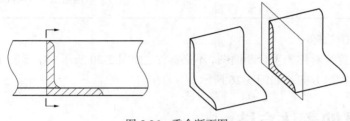

图 5-26 重合断面图

重合断面图的轮廓体用细实线绘制，当视图的轮廓线与重合断面图的轮廓线重合时，视图的轮廓线仍按连续画出，不可中断。

3. 断面图的标注

（1）移出断面图的标注（见表 5-2）

表 5-2　　　　　　　　　　　　　　　　移出断面图的标注

断面图配置位置	断面形状及标注	
	不对称的移出断面图	对称的移出断面图
按投影关系配置		
	省略箭头	省略箭头
不按投影关系配置且画在剖切符号或剖面线的延长线上		
	断面图左右不对称时，省略字母	断面图左右对称时，省略箭头、字母

125

续表

断面图配置位置	断面形状及标注	
	不对称的移出断面图	对称的移出断面图
不按投影关系配置且不画在剖切符号或剖切线的延长线上	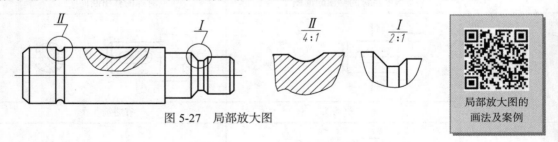	
	断面图左右不对称时，标注剖切符号、箭头、字母	断面图左右对称时，省略箭头

（2）重合断面图的标注

相对于剖切位置线对称的重合断面图，不必标注，如图5-20所示。对于非对称的重合断面图，可标注剖切位置及投影方向，如图5-26所示。

模块三　其他表达方法

一、局部放大图

当机件的某些局部结构较小、在原定比例的图形中不易表达清楚或不便标注尺寸时，可将此局部结构用较大比例单独画出，这种图形称为局部放大图。此时，原视图中该部分的结构可简化表示。

局部放大图可画成视图、剖视图及断面图，它与被放大部分的表达方式无关。局部放大图应用细实线圈出被放大的部分，并在对应的放大图上方注出比例。若有多处放大部位，则应用罗马数字编号，并在对应放大图的上方用分式注写相应的编号和比例，如图5-27所示。

图5-27　局部放大图

局部放大图的画法及案例

二、简化画法

1.剖视图中的简化画法

对于机件的肋、轮辐、薄壁等实心圆杆状及板状机构，如按纵向剖切（即剖切平面与肋、轮辐或薄壁厚度方向的对称平面重合或平行），这些结构不画剖面符号，而用粗实线将它与其邻近部分分开，如图 5-28（a）所示。图 5-28（b）所示为错误画法。

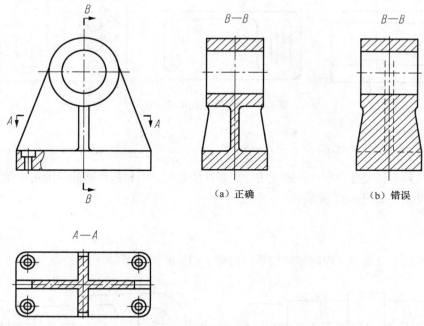

（a）正确   （b）错误

图 5-28 剖视图中的简化画法（一）

当机件上均匀分布在一个圆周上的肋、轮辐、孔等结构不处于剖切平面上时，可将这些结构旋转到剖切平面上画出，如图 5-29 所示。

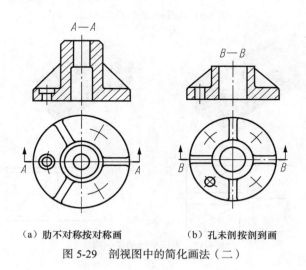

（a）肋不对称按对称画   （b）孔未剖按剖到画

图 5-29 剖视图中的简化画法（二）

2. 相同结构的简化画法

当机件具有若干形状相同且规律分布的孔、齿、槽等结构时，可以只画出几个完整的结构，其余用细实线连接，或用点画线表示圆的中心位置，但必须在图中标注出结构的数量，如图 5-30

所示。

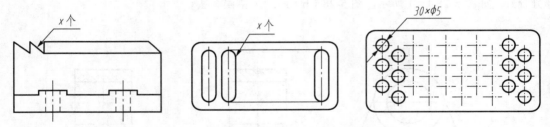

图 5-30　相同结构的简化画法

3. 较长机件的简化画法

较长的机件沿长度方向形状一致或按一定规律变化时，可将机件断开后缩短绘制，但应按实际长度标注尺寸，如图 5-31 所示。

4. 平面符号

当图形不能充分表达平面时，可用平面符号（相交的两条细实线）表示，如图 5-32 所示。

图 5-31　较长机件的简化画法

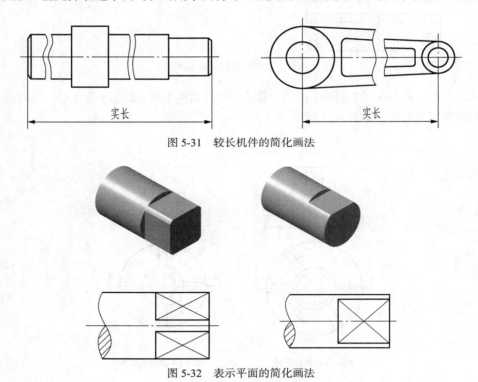

图 5-32　表示平面的简化画法

5. 对称机件的简化画法

在不致引起误解时，对称机件的视图可只画一半或四分之一，并在对称中心线的两端画出两条与其垂直的平行细实线（短线），如图 5-33 所示。

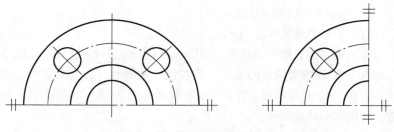

图 5-33　对称图形的简化画法

6. 网状物、编织物或机件上的滚花

网状物或机件上的滚花部分可在轮廓线附近用粗实线示意画出，并在零件图上或技术要求中注明这些结构的具体要求，如图 5-34 所示。

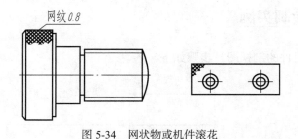

网纹0.8

图 5-34　网状物或机件滚花

模块四　用 AutoCAD 绘制机件的剖视图

一、用 AutoCAD 绘制机件剖视图的一般过程

用 AutoCAD 绘制机件的剖视图时，先用绘制视图的方法绘制出除剖面线和剖切符号以外的其他图线，再画上剖面线和剖切符号。如果是局部剖视图还要画上波浪线，波浪线可以用样条曲线（Spline）命令来绘制。剖切符号可以用多段线（Polyline）命令绘制。

二、剖面线的画法

剖面线反映零件剖视物料材料，用 AutoCAD "图案填充" 命令绘制，具体作图方法如下：单击 "绘图" 功能区中的 "图案填充线" ▊按钮，或单击工具栏上的按钮，或直接输入 "HATCH" 命令，功能区出现新的 "图案填充创建" 选项卡，如图 5-35 所示。

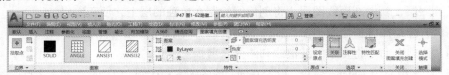

图 5-35　"图案填充创建" 选项卡

"图案填充创建"选项卡中各选项区含义如下。

① "边界"面板：设置填充拾取点和区域的边界。

② "图案"面板：指定图案填充的各种图案形状，对于金属材料选择剖面图案"ANSI31"。

③ "特性"面板：指定图案填充的类型、背景色、透明度，选定图案填充的角度和比例。0°时表示原样式不旋转；90°时表示将原样式顺时针旋转90°。可在"填充图案比例"中指定填充图案的比例系数，使图案稀疏或紧密。

④ "原点"面板：控制填充图案生成的起始位置。有些图案填充（如砖块图案）需要与图案填充边界上的一点对齐。默认情况下，所有图案填充原点都对应于当前的UCS原点。

⑤ "选项"面板：控制几个常见的图案填充和填充选项。并可以通过选择"特性匹配"选项使用选定图案填充对象的特性对指定的边界进行填充。

⑥ "关闭"面板：单击此面板中的"关闭图案填充创建"按钮，将关闭图案填充创建。

三、剖视图绘制实例

绘制图5-36所示机件的剖视图，步骤如下。

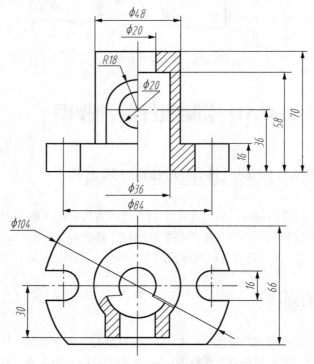

图5-36　AutoCAD绘制剖视图

① 设置图层，新增剖面线图层，将剖面线绘制在单独的层上，便于编辑。

② 用组合体绘图方法绘制视图，如图5-37（a）～图5-37（d）所示。

③ 用"修剪"命令将多余的波浪线和圆弧修剪掉。

④ 用"图案填充"（Hatch）命令，设置好剖面线的图案和比例，以拾取点的方式点选图5-37（e）中区域A、B和C内的任意一点，按Enter键后再单击"确定"按钮，完成剖视图的绘制，如

图 5-37（f）所示。

⑤ 标注尺寸，完成全图，如图 5-36 所示。

注意

剖面线填充的关键是一定要保证填充的区域边界完全封闭。

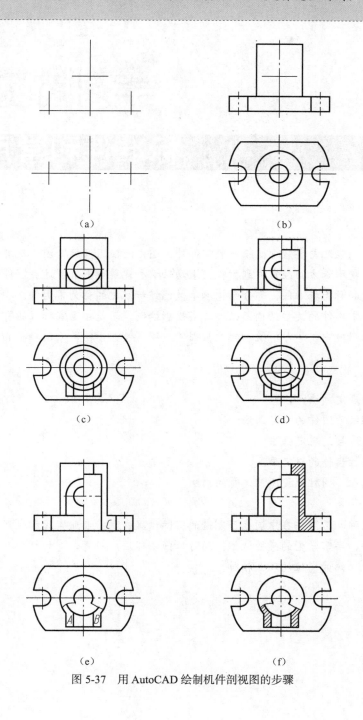

（a）　　　　　　　　　　　（b）

（c）　　　　　　　　　　　（d）

（e）　　　　　　　　　　　（f）

图 5-37　用 AutoCAD 绘制机件剖视图的步骤

彩图：图 5-37

学习情境六

标准件和常用件

【情境概述】

在机器和设备的装配与安装中，除一般零件外，还广泛使用螺纹紧固件及其他连接件。在机械传动、支承等方面经常用到齿轮、滚动轴承和弹簧等零件。这类零件中结构和尺寸已经标准化的称为标准件，部分结构和参数已经标准化的称为常用件。在机械图样中，对标准件和常用件的某些结构不必按真实投影绘制，而是按国家标准的有关规定进行绘制。本学习情境中将学习螺纹和螺纹紧固件、键、销、齿轮、滚动轴承和弹簧的表达方法。

【学习目标】

- 掌握螺纹的规定画法；
- 掌握常用螺纹紧固件的规定画法；
- 熟悉键、销连接的规定画法；
- 掌握直齿圆柱齿轮的规定画法；
- 熟悉滚动轴承、圆柱螺旋压缩弹簧的画法。

【教书育人】

通过了解标准件和常用件在中国生产制造的实际情况，联系专业实际和生产实际介绍标准件和常用件，丰富学生的感性认识，同时加强法律法规教育，有计划、有目的地培养学生热爱专业、热爱岗位的职业精神。

【知识链接】

模块一 连接件和紧固件

一、螺纹

1. 螺纹的形成和加工方法

螺纹是在圆柱或圆锥表面上沿螺旋线所形成的具有相同剖面的连续凸起和沟槽。加工在零件外表面上的螺纹称为外螺纹，加工在零件内表面的螺纹称为内螺纹。

圆柱面上一点绕圆柱的轴线做等速旋转运动的同时，又沿一条直线做等速直线运动，这种复合运动的轨迹就是螺旋线。各种螺纹都是根据螺旋线原理加工而成的。螺纹多采用机械化批量生产。图 6-1 所示为在车床上加工内、外螺纹。

（a）加工外螺纹　　　　　　　　　（b）加工内螺纹

图 6-1　在车床上加工内、外螺纹

2. 螺纹的结构要素

螺纹的结构要素有牙型、直径、螺距、线数和旋向。只有这些要素完全相同时，内、外螺纹才能相互旋合，装配在一起。

（1）螺纹牙型

通过螺纹轴线剖切的断面上，螺纹的轮廓形状称为螺纹牙型。螺纹牙型有三角形（60°、55°）、梯形、锯齿形等，如图 6-2 所示。

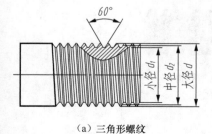

（a）三角形螺纹

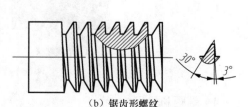

（b）锯齿形螺纹

图 6-2　螺纹的牙型

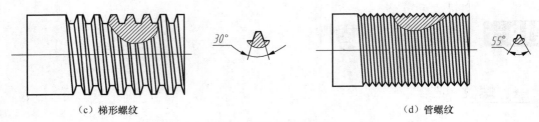

（c）梯形螺纹 　　　　　　　　　　　　　（d）管螺纹

图 6-2　螺纹的牙型（续）

（2）螺纹直径

螺纹直径分大径（d、D）、中径（d_2、D_2）和小径（d_1、D_1），如图 6-3 所示，其中大径是螺纹的公称直径。

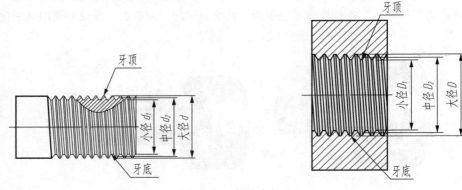

图 6-3　螺纹直径

① 大径是指与外螺纹牙顶或内螺纹牙底相重合的假想圆柱面的直径。

② 小径是指与外螺纹牙底或内螺纹牙顶相重合的假想圆柱面的直径。小径是大径的 0.85。

③ 中径是指通过螺纹轴向截面内牙型上沟槽和凸起宽度相等处的假想圆柱的直径。

（3）线数

如图 6-4 所示，螺纹有单线、双线和多线之分。沿一条螺旋线形成的螺纹为单线螺纹；沿轴向等距分布的两条螺旋线形成的螺纹为双线螺纹，两条以上的螺旋线形成的螺纹为多线螺纹。

（a）单线螺纹 　　　　　　　　　（b）双线螺纹

图 6-4　单线螺纹和双线螺纹

（4）螺距和导程

相邻两牙在中径线上对应两点间的轴向距离称为螺距。同一条螺旋线上的相邻两牙在中径线上对应两点轴向的距离称为导程，如图 6-4 所示。线数 n、螺距 P、导程 P_h 的关系为

$$P_h = nP$$

（5）旋向

沿轴线方向看，顺时针方向旋入的螺纹称为右旋螺纹，逆时针方向旋入的螺纹称为左旋螺纹，如图 6-5 所示。

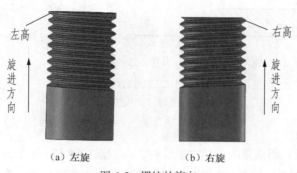

（a）左旋　　　　　（b）右旋

图 6-5　螺纹的旋向

3. 螺纹的规定画法

（1）外螺纹的画法

如图 6-6 所示，在非圆视图中，外螺纹的大径（牙顶）和螺纹终止线用粗实线绘制，小径（牙底）用细实线绘制。通常小径按大径的 0.85 绘制，表示小径的细实线应画入倒角内。在投影为圆的视图中，表示大径的圆用粗实线绘制，表示小径的圆用细实线绘制且只画约 3/4 圈，表示倒角的圆规定不画。

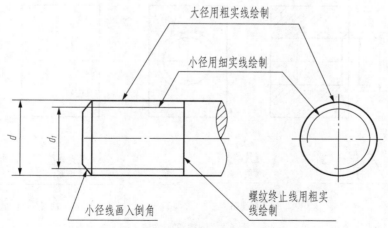

图 6-6　外螺纹的画法

如图 6-7 所示，在外螺纹的非圆剖视图中，螺纹终止线只画大、小径之间的一小段粗实线，剖面线应穿过表示小径的细实线起止于粗实线。

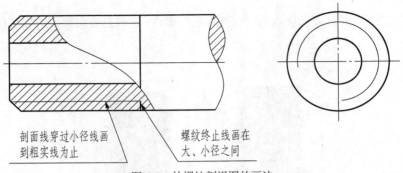

剖面线穿过小径线画到粗实线为止

螺纹终止线画在大、小径之间

图 6-7　外螺纹剖视图的画法

（2）内螺纹的画法

如图 6-8（a）所示，用剖视图表达内螺纹时，在非圆视图中，螺纹的大径（牙底）用细实线绘制，小径（牙顶）和螺纹终止线用粗实线绘制。在投影为圆的视图中，表示小径的圆用粗实线绘制，表示大径的圆用细实线绘制且只画约 3/4 圈，表示倒角的圆规定不画。

如图 6-8（b）所示，用视图表达内螺纹时，因螺纹不可见，所以表示螺纹的所有图线均用虚线绘制。

螺纹的规定画法

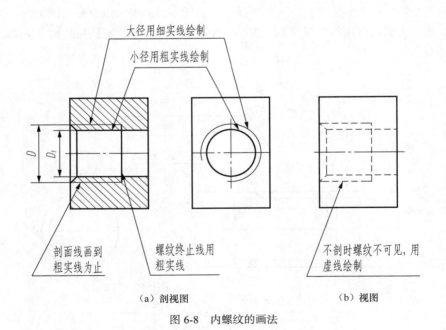

大径用细实线绘制

小径用粗实线绘制

剖面线画到粗实线为止

螺纹终止线用粗实线

不剖时螺纹不可见，用虚线绘制

（a）剖视图　　　　　　　　　　　（b）视图

图 6-8　内螺纹的画法

（3）内、外螺纹连接的画法

如图 6-9 所示，在内、外螺纹连接的剖视图中，内、外螺纹的旋合部分应按外螺纹绘制，其余部分仍按各自的画法绘制。因为螺纹旋合时内、外螺纹的大、小径必须分别相等，所以绘图时应注意相应的粗、细实线必须对齐。

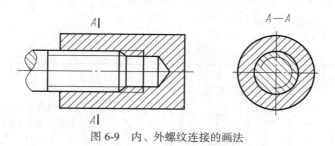

图 6-9 内、外螺纹连接的画法

4. 螺纹的种类

螺纹的牙型、大径和螺距是螺纹最基本的要素，称为螺纹的三要素。国家标准中对螺纹的三要素做了一系列的规定。因此，按三要素是否符合标准，螺纹分为以下几种。

① 标准螺纹：牙型、大径和螺距均符合国家标准的螺纹。

② 特殊螺纹：牙型符合国家标准，但大径和螺距不符合国家标准的螺纹。

③ 非标准螺纹：牙型不符合国家标准的螺纹。

按用途不同，螺纹可分为连接螺纹和传动螺纹。其中，连接螺纹又分为普通螺纹和管螺纹；传动螺纹又分为梯形螺纹、锯齿形螺纹和矩形螺纹。

5. 螺纹的标注方法

在图样上，螺纹的规定画法不能表示其牙型、螺距、线数和旋向等结构要素，因此在表示螺纹时，必须按国家标准规定的标记进行标注。

国家标准规定螺纹的标注应包括以下内容：

| 特征代号 | 公称直径 | × | 导程（P 螺距） | - | 公差带代号 | - | 旋合长度代号 | - | 旋向 |

标注时应注意以下几点。

① 对于单线螺纹，导程（P 螺距）改标注螺距。

② 普通粗牙螺纹不标注螺距。

③ 螺纹公差带由公差等级和基本偏差代号组成［内螺纹用大写字母（如 6H）、外螺纹用小写字母（如 6h）］，公差带代号应按顺序标注中径、顶径公差带代号。若中径、顶径公差带代号相同只标注一次。而对于梯形螺纹和锯齿形螺纹只标注中径公差即可。

④ 旋合长度代号规定为长（L）、中（N）、短（S）3 组，旋合长度为中等时，"N"可省略。

⑤ 右旋螺纹不标注旋向，左旋螺纹则标注 LH。

螺纹标记示例含义如下：

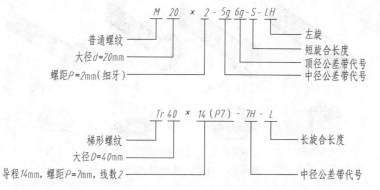

机械制图与CAD（AR版）（附微课视频）

各种螺纹的标注示例见表6-1。

表6-1 各种螺纹的标注示例

螺纹种类		特征代号	标注示例	说　明
连接螺纹	普通螺纹	M	M16×1.5-6e	表示公称直径为 16mm，螺距为 1.5mm 的右旋细牙普通外螺纹，中径和顶径公差带代号均为 6e，中等旋合长度
			M10-6H	表示公称直径为 10mm 的右旋粗牙普通内螺纹，中径和顶径公差带代号均为 6H，中等旋合长度
	管螺纹	G	G3/4B	表示尺寸代号为 3/4，公差等级代号为 B 级的非螺纹密封圆柱外管螺纹
		Rc Rp R	Rp1	表示尺寸代号为 1，用螺纹密封的圆柱内管螺纹
传动螺纹	梯形螺纹	Tr	Tr40×14(P7)-8e-L-LH	表示公称直径为 40mm，导程为 14mm，螺距为 7mm 的双线左旋梯形外螺纹，中径公差带代号为 8e，长旋合长度
	锯齿形螺纹	B	B90×12-7c	表示公称直径为 90mm，螺距为 12mm 的单线右旋锯齿形外螺纹，中径公差带代号为 7c，中旋合长度

二、螺纹紧固件

螺纹连接是工程上应用最广泛的可拆连接方式。螺纹连接可分为螺栓连接、螺柱连接、螺钉连接。常用的螺纹紧固件有螺栓、螺柱、螺钉、螺母、垫圈等，如图 6-10 所示。

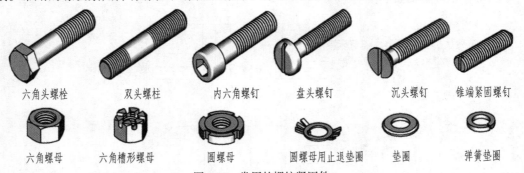

图 6-10 常用的螺纹紧固件

螺纹紧固件一般是标准件，它们的结构形式和种类很多，可根据需要查阅有关的标准。

1. 常用螺纹紧固件的画法

绘制螺纹紧固件视图时，可从标准中查出各部分尺寸，按规定绘制。一般根据螺纹公称直径（d、D）的比例关系近似画出，图 6-11 所示为螺栓、螺母和垫圈的比例画法。螺栓头部及螺母因倒角 30°，在各侧面产生截交线，这些交线的投影用圆弧近似画出，如图 6-11（a）、图 6-11（b）所示。

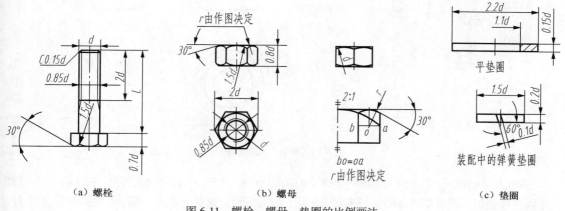

（a）螺栓　　　　　　　　（b）螺母　　　　　　　　（c）垫圈

图 6-11　螺栓、螺母、垫圈的比例画法

图 6-12 所示为常用螺钉头部的比例画法。

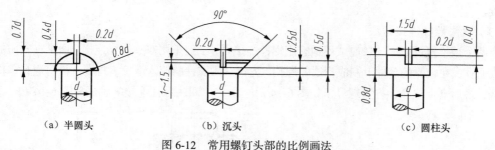

（a）半圆头　　　　　　　（b）沉头　　　　　　　　（c）圆柱头

图 6-12　常用螺钉头部的比例画法

2. 螺纹连接的画法

（1）螺纹连接规定画法

① 两零件的接触面只画一条线，不得特别加粗。凡不接触表面，无论间隔多小都要画成两条线。

② 在剖视图中，相邻两零件的剖面线方向应相反或间隔不同，但同一零件在各个剖视图中的剖面线方向和间隔必须相同。

③ 在剖视图中，当剖切平面通过螺纹紧固件的轴线时，这些零件按不剖绘制，即只画外形。但如果垂直于轴线剖切，则按剖视绘制。

（2）螺栓连接画法

螺栓连接是用螺栓、螺母和垫圈将两个不太厚并能钻出通孔的零件连接在一起，如图 6-13 所示。

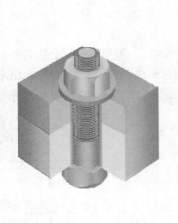

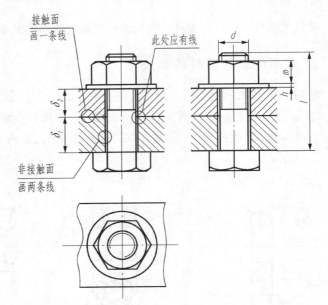

图 6-13　螺栓连接的画法

作图时还应注意，螺栓的末端应伸出螺母的端部（0.3～0.5）d，以保证在螺纹连接后不至于太短而削弱连接强度，或者螺杆伸出太长不便于装配，要合理设计螺栓的长度。螺栓长度的计算公式为

$$l = \delta_1 + \delta_2 + h + m + （0.3 \sim 0.5）d$$

其中，h 为垫圈的厚度，m 为螺母的厚度。计算出 l 之后，还要从螺栓标准中查得符合规定的标准长度。

（3）双头螺柱连接画法

当两个被连接件之一比较厚或不适宜用螺栓连接时，一般采用双头螺柱连接。通常在较薄的零件上制成通孔，在较厚的零件上制成不通的螺孔，先将双头螺柱的旋入端旋入螺孔，再将通孔零件穿过另一端，最后套上垫圈，拧紧螺母，如图 6-14（a）所示。双头螺柱连接的画法如图 6-14（b）所示。

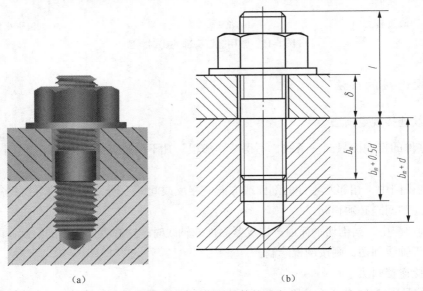

（a）

（b）

图 6-14　双头螺柱连接的画法

140

双头螺柱旋入端的螺纹终止线与两个被连接件的接触面在同一条直线上。

（4）螺钉连接画法

螺钉连接用在受力不大和不常拆卸的地方。螺钉连接一般是在较厚的机件上加工出螺孔，而在另一被连接件上加工通孔，然后将螺钉穿过通孔，拧入螺孔，从而起到连接作用，如图 6-15（a）所示。螺钉连接的简化画法如图 6-15（b）所示。

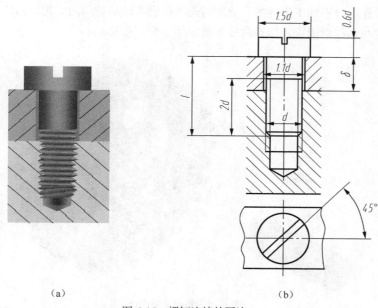

（a）　　　　　　　　　　　　　　　　　（b）

图 6-15　螺钉连接的画法

在装配图中，螺栓连接和双头螺柱连接提倡采用简化画法，绘图时可省略所有倒角及因倒角产生的交线，螺孔的钻孔深度也可省略不画，如图 6-16 所示。

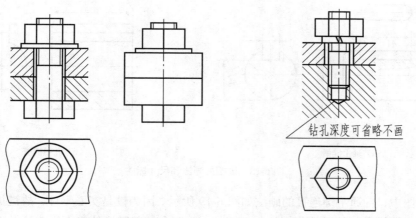

钻孔深度可省略不画

（a）螺栓连接的简化画法　　　　　　　（b）双头螺柱连接的简化画法

图 6-16　螺栓连接、双头螺柱连接的简化画法

三、键、销连接

1. 键连接

键连接是一种可拆连接。键用于连接轴和轴上的传动件（如齿轮、带轮等），使轴和传动件不产生相对转动，保证两者同步旋转，传递扭矩和旋转运动。

键是标准件，有普通平键、半圆键和楔键等，常用的是普通平键。图 6-17 为普通平键连接的情况，在轴和齿轮上分别加工出键槽，装配时先将键嵌入轴的键槽内，再将齿轮上的键槽对准轴上的键，使齿轮与轴相对固定，传动时轴和齿轮便一起同步转动。

图 6-17　普通平键连接

键槽的画法和尺寸标注如图 6-18 所示。轴及轮毂上的键槽宽度 b，深度 t_1 及 t_2，可根据轴径 d 在国家标准中查得。

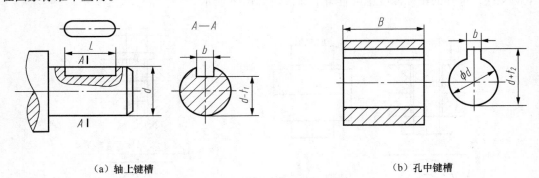

（a）轴上键槽　　　　　　　　　　　　　　　　　　　（b）孔中键槽

图 6-18　键槽的画法和尺寸标注

在装配图中，普通平键连接的画法如图 6-19 所示。因为键是实心零件，故键被纵向剖切时按不剖绘制，被横向剖切时按剖切绘制。键的上表面和轮毂键槽的底面为非接触面，因此应画两条线。

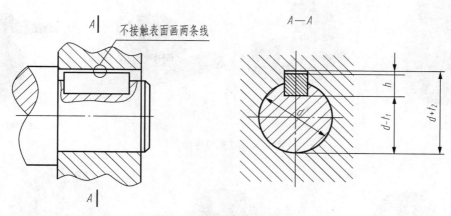

图 6-19 普通平键连接的画法

2. 销连接

销连接也是一种可拆卸连接，销也是标准件，通常用于零件间的连接或定位。常用的销是圆柱销和圆锥销。

圆柱销、圆锥销的主要尺寸、标记和连接画法见表 6-2。

表 6-2   圆柱销、圆锥销的主要尺寸、标记和连接画法

名称及标准	主要尺寸	标记举例	连接画法
圆柱销 GB/T 119.1—2000	公差为 *m*6	销 GB/T 119.1—2000 *d* m6 × 1	
圆锥销 GB/T 117—2000		销 GB/T 117—2000 *d* × 1	

模块二 常用传动件

一、齿轮

齿轮是机械设备中常见的传动零件，用于传递运动与动力，改变转速或转向。常见的齿轮种类有圆柱齿轮、锥齿轮、齿轮齿条和蜗杆与蜗轮等，如图 6-20 所示。圆柱齿轮按齿轮上的轮齿方向又可分为直齿、斜齿、人字齿等，如图 6-21 所示。

（a）圆柱齿轮

（b）锥齿轮

（c）齿轮齿条

（d）蜗杆与蜗轮

图 6-20　常见齿轮种类

（a）直齿圆柱齿轮

（b）斜齿圆柱齿轮

（c）人字齿圆柱齿轮

图 6-21　不同齿向的圆柱齿轮

下面主要介绍渐开线直齿圆柱齿轮的结构及其画法。

1. 直齿圆柱齿轮的组成与尺寸

（1）直齿圆柱齿轮各部分的名称及参数

直齿圆柱齿轮各部分名称和代号如图 6-22 所示。

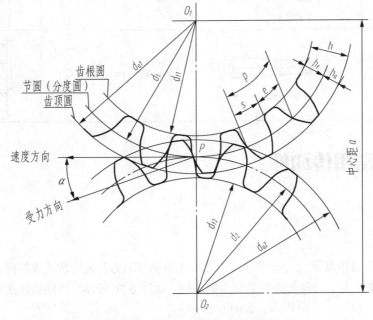

图 6-22　直齿圆柱齿轮各部分名称和代号

① 齿数 z：齿轮上轮齿的个数。

② 齿顶圆直径 d_a：通过齿顶的圆柱面直径。

③ 齿根圆直径 d_f：通过齿根的圆柱面直径。

④ 分度圆直径 d：分度圆是一个假想的圆，在该圆上齿厚（s）等于齿槽宽（e），其直径称为分度圆直径。分度圆直径是齿轮设计和加工时的重要参数。

⑤ 齿高 h：齿顶圆和齿根圆之间的径向距离。

⑥ 齿顶高 h_a：齿顶圆和分度圆之间的径向距离。

⑦ 齿根高 h_f：齿根圆与分度圆之间的径向距离。

⑧ 齿距 p：分度圆上相邻两齿廓对应点之间的弧长。

⑨ 齿厚 s：分度圆上轮齿的弧长。

⑩ 模数 m：由于分度圆的周长 $\pi d = pz$，所以 $d = \dfrac{p}{\pi}z$，$\dfrac{p}{\pi}$ 称为模数。模数以 mm 为单位。模数是齿轮设计和制造的重要参数，对于相同齿数的齿轮，模数越大，轮齿的尺寸越大，承载能力越大。为便于制造，减少齿轮成形刀具的规格，模数的值已经标准化。渐开线圆柱齿轮的模数见表 6-3。

表 6-3　　　　　　　　　　　渐开线圆柱齿轮的模数（摘自 GB/T 1357—2008）

第一系列	1　1.25　1.5　2　2.5　3　4　5　6　8　10　12　16　20　25　32　40　50
第二系列	1.125　1.375　1.75　2.25　2.75　3.5　4.5　5.5　（6.5）　7　9　11　14　18　22　28　35　45

注：优先选用第一系列，其次是第二系列，括号内的数值尽可能不用。

⑪ 压力角、齿形角 α：齿轮转动时，节点 P 的运动方向（分度圆的切线方向）和正压力方向（渐开线的法线方向）所夹的锐角称为压力角。加工齿轮用刀具的基本齿条的法向压力角称为齿形角。压力角和齿形角均用 α 表示。我国标准规定 α 为 20°。

一对齿轮啮合时，模数和齿形角必须相等。一对标准齿轮啮合、标准安装时，齿形角等于压力角。

⑫ 中心距 a：两圆柱齿轮轴线间的距离。

（2）直齿圆柱齿轮的尺寸计算

已知模数 m 和齿数 z，齿轮轮齿的其他参数均可以计算出来，计算公式见表 6-4。

表 6-4　　　　　　　　　　　标准直齿圆柱齿轮各基本尺寸计算公式

序号	名称	符号	计算公式
1	齿距	p	$p = \pi m$
2	齿顶高	h_a	$h_a = m$
3	齿根高	h_f	$h_f = 1.25m$
4	齿高	h	$h = 2.25m$
5	分度圆直径	d	$d = mz$
6	齿顶圆直径	d_a	$d_a = m(z+2)$
7	齿根圆直径	d_f	$d_f = m(z-2.5)$
8	中心距	a	$a = m(z_1+z_2)/2$

2. 直齿圆柱齿轮的规定画法

圆柱齿轮的画法

（1）单个圆柱齿轮的规定画法

国家标准《机械制图　齿轮表示法》（GB/T 4459.2—2003）规定了单个直齿圆柱齿轮的画法，如图6-23所示。

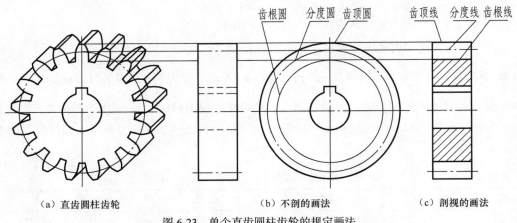

（a）直齿圆柱齿轮　　　　　　　　　（b）不剖的画法　　　　　　　（c）剖视的画法

图6-23　单个直齿圆柱齿轮的规定画法

画法要点如下。

① 轮齿部分的齿顶圆和齿顶线用粗实线绘制。

② 分度圆和分度线用细点画线绘制。

③ 齿根圆和齿根线用细实线绘制，也可省略不画。

④ 在剖视图中，当剖切平面通过齿轮的轴线时，轮齿部分一律按不剖处理，齿根线用粗实线绘制。

（2）齿轮啮合的规定画法

两齿轮的啮合画法，关键是啮合区的画法，其他部分仍按单个齿轮的规定画法绘制。啮合区的画法规定如下。

① 在垂直于齿轮轴线的投影面的视图中，啮合区内的齿顶圆均用粗实线绘制，如图6-24（a）所示，其省略画法如图6-24（b）所示。

② 在平行于齿轮轴线的投影面的视图中，啮合区的齿顶线和齿根线不必画出，节线用粗实线绘制，如图6-24（c）所示。

③ 在齿轮啮合的剖视图中，当剖切平面通过两啮合齿轮的轴线时，在啮合区内，将一个齿轮的轮齿用粗实线绘制，另一个齿轮的轮齿被遮挡的部分即齿顶圆用虚线绘制，如图6-24（a）所示，被遮挡部分也可省略不画。

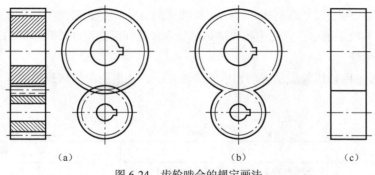

（a）　　　　　　（b）　　　　　　（c）

图 6-24　齿轮啮合的规定画法

二、滚动轴承

滚动轴承是用来支承传动轴的组件，具有结构紧凑、摩擦阻力小、动能损耗少和旋转精度高的优点。滚动轴承是标准件，其结构、尺寸均已标准化。滚动轴承的种类很多，但结构相似，一般由外圈、内圈、滚动体和保持架组成，如图 6-25 所示。

（a）深沟球轴承　　　　　（b）推力球轴承　　　　　（c）圆锥滚子轴承

图 6-25　滚动轴承的结构及类型

1. 滚动轴承的基本代号

滚动轴承基本代号表示轴承的基本类型、结构和尺寸，是滚动轴承代号的基础。它由以下三部分组成：

轴承类型代号　尺寸系列代号　内径代号

① 轴承类型代号。轴承类型代号用数字或字母来表示，见表 6-5。

表 6-5　　　　　　　　　　　　　　　轴承类型代号

代　号	轴承类型	代　号	轴承类型	代　号	轴承类型
0	双列角接触球轴承	4	双列深沟球轴承	8	推力圆柱滚子轴承
1	调心球轴承	5	推力球轴承	N	圆柱滚子轴承
2	调心滚子轴承	6	深沟球轴承	U	外球面球轴承
3	圆锥滚子轴承	7	角接触球轴承	QJ	四点接触球轴承

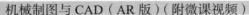
② 尺寸系列代号。尺寸系列代号包括滚动轴承的宽（高）度系列代号和直径系列代号两部分，用两位阿拉伯数字表示。它的主要作用是区别内径相同而宽度和外径不同的滚动轴承。具体代号需查阅国家标准。

③ 内径代号。内径代号表示滚动轴承的公称直径，一般用两位阿拉伯数字表示，其表示方法见表6-6。

表6-6　　　　　　　　　　　　　　　　　滚动轴承的内径代号

轴承公称直径/mm		内径代号	示　例	
0.6～10（非整数）		用公称内径毫米数直接表示，在其与尺寸系列代号之间用"/"分开	深沟球轴承　618/2.5	$d = 2.5\text{mm}$
1～9（整数）		用公称内径毫米数直接表示，对深沟球轴承及角接触球轴承7、8、9直径系列，内径与尺寸系列代号之间用"/"分开	深沟球轴承　625 深沟球轴承　618/5	$d = 5\text{mm}$ $d = 5\text{mm}$
10～17	10	00	深沟球轴承　6200	$d = 10\text{mm}$
	12	01	深沟球轴承　6201	$d = 12\text{mm}$
	15	02	深沟球轴承　6202	$d = 15\text{mm}$
	17	03	深沟球轴承　6203	$d = 17\text{mm}$
20～480 （22、28、32除外）		公称内径除以5的商数，商数为个位数，需在商数左边加"0"，如08	圆锥滚子轴承　30308 深沟球轴承　6215	$d = 40\text{mm}$ $d = 75\text{mm}$
≥500以及22、28、32		用公称内径毫米数直接表示，但与尺寸系列之间用"/"分开	调心滚子轴承　230/500 深沟球轴承　62/22	$d = 500\text{mm}$ $d = 22\text{mm}$

滚动轴承基本代号的含义见表6-7。

表6-7　　　　　　　　　　　　　　　　　滚动轴承基本代号的含义

滚动轴承代号	右数第5位（或第4位）代表轴承类型	右数第4、3位代表尺寸系列	右数第2、1位代表内径
6208	6：表示深沟球轴承	第4位：宽度系列代号0（省略） 第3位：直径系列代号为2	$d = 8 \times 5 = 40$（mm）
62/22	6：表示深沟球轴承	第4位：宽度系列代号0（省略） 第3位：直径系列代号为2	$d = 22$（mm）
30312	3：表示圆锥滚子轴承	第4位：宽度系列代号0 第3位：直径系列代号为3	$d = 12 \times 5 = 60$（mm）
51310	5：表示推力球轴承	第4位：宽度系列代号1 第3位：直径系列代号为3	$d = 10 \times 5 = 50$（mm）

2. 滚动轴承的画法

滚动轴承为标准件，不需要单独画出各组成部分的零件图，仅在装配图中表达其与相关零件的装配关系。国家标准规定了滚动轴承可以用简化画法（通用画法和特征画法）或规定画法来表示。滚动轴承的各种画法见表6-8。

表 6-8　　　　　　　　　　　　滚动轴承的各种画法

类　型	通用画法	特征画法	规定画法	结构形式
深沟球轴承 （GB/T 276— 2013）				
推力球轴承 （GB/T 301— 2015）				
圆锥滚子轴承 （GB/T 297— 2015）				

三、弹簧

弹簧是机械、电气设备中一种常用的零件，主要用于减振、夹紧、储存能量和测力等。弹簧的种类很多，如图 6-26 所示，其中使用较多的是圆柱螺旋压缩弹簧。

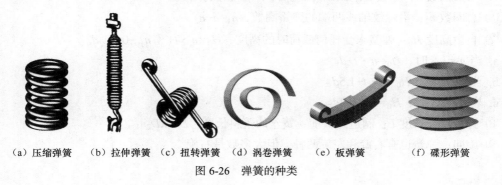

（a）压缩弹簧　　（b）拉伸弹簧　　（c）扭转弹簧　　（d）涡卷弹簧　　（e）板弹簧　　（f）碟形弹簧

图 6-26　弹簧的种类

1. 圆柱螺旋压缩弹簧各部分名称及尺寸关系

圆柱螺旋压缩弹簧各部分名称及尺寸关系如图 6-27 所示。

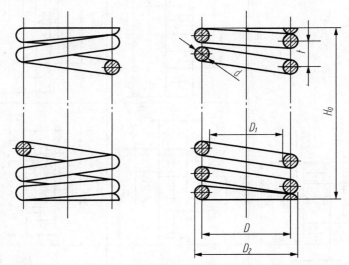

图 6-27　圆柱螺旋压缩弹簧

① 簧丝直径 d：制造弹簧的钢丝直径，按标准选取。

② 弹簧直径：包括中径、外径和内径。

a. 中径 D：弹簧平均直径，按标准选取。

b. 外径 D_2：弹簧最大直径，$D_2 = D + d$。

c. 内径 D_1：弹簧最小直径，$D_1 = D - d = D_2 - 2d$。

③ 节距 t：除磨平压紧的支承圈外，两相邻有效圈截面中心线的轴向距离。

④ 支承圈数 n_2：为了使弹簧压缩时受力均匀，工作平稳，保证弹簧轴线垂直于支承面，制造时把弹簧两端并紧磨平，并紧磨平的这几圈不参与弹簧受力变形，只起支承作用，称为支承圈。

支承圈数 n_2 有 1.5 圈、2 圈、2.5 圈三种，2.5 圈较为常用，如图 6-27 所示，两端各并紧 $1\dfrac{1}{4}$ 圈，其中包括磨平 $\dfrac{3}{4}$ 圈。

⑤ 有效圈数 n：除去支承圈以外，保持节距相等的圈数。

⑥ 总圈数 n_1：沿螺纹轴线两端的弹簧圈数，$n_1 = n + n_2$。

⑦ 自由高度 H_0：弹簧未受任何载荷时的高度，$H_0 = n \cdot t + (n_2 - 0.5)d$。

a. 当 $n_2 = 1.5$ 时，$H_0 = n \cdot t + d$。

b. 当 $n_2 = 2$ 时，$H_0 = n \cdot t + 1.5d$。

c. 当 $n_2 = 2.5$ 时，$H_0 = n \cdot t + 2d$。

⑧ 弹簧展开长度 L：制造弹簧前，簧丝的落料长度，$L \approx \pi D_2 n_1$。

⑨ 旋向：弹簧也有右旋和左旋两种，但大多数是右旋。

2. 圆柱螺旋压缩弹簧的规定画法

（1）单个弹簧的画法

表 6-9 给出圆柱螺旋压缩弹簧的画图步骤。国家标准规定，不论弹簧的支承圈数是多少，均可按支承圈数为 2.5 圈的画法绘制。左旋弹簧和右旋弹簧均可画成右旋，但左旋要注明"LH"。

弹簧的画法

表 6-9　　　　　　　　　　　圆柱螺旋压缩弹簧的画图步骤

序号	图样	步骤
1	 （e、f、g、h、D、H_0） 	根据弹簧的自由高度 H_0、弹簧中径 D，作出矩形 $efgh$
2	 （d、$d/2$） 	画出支承圈部分，d 为簧丝直径
3	 （t、$t/2$） 	画出部分有效圈，t 为节距
4	 	按右旋旋向（或实际旋向）作相应圆的公切线，画成剖视图

（2）弹簧在装配图上的画法

① 在装配图中，被弹簧挡住的结构一般不画出，可见部分应从弹簧的外轮廓线或从弹簧钢丝的剖面中心画起，如图 6-28（a）所示。

② 在装配图中，型材直径或厚度在图形上等于或小于 2 mm 的螺旋弹簧、碟形弹簧及片弹簧允许用示意图绘制，如图 6-28（b）所示。

③ 弹簧被剖切时，剖面直径或厚度在图形上等于或小于 2mm 时也可用涂黑表示，如图 6-28（c）所示。

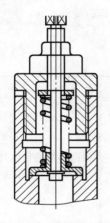 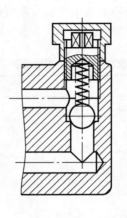 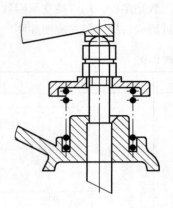

（a）装配图中被弹簧遮挡处的画法　　（b）$d \leqslant 2mm$ 的示意画法　　　（c）$d \leqslant 2mm$ 的剖面画法

图 6-28　装配图中螺旋弹簧的规定画法

学习情境七

零件图

【情境概述】

　　零件图是机械产品在设计、制造、检验、安装和调试工程中要反复用到的图样。它能够反映出零件的形状、结构、尺寸、技术要求等内容。本学习情境中将介绍零件图的作用与内容、零件图的视图选择方法、零件图的尺寸标注及技术要求等内容。

【学习目标】

- 熟悉零件图的内容；
- 掌握零件图的视图选择原则和典型零件的表达方法；
- 掌握零件图的尺寸标注及技术要求的注写；
- 掌握零件图的读图方法；
- 熟悉一般零件的测绘方法；
- 掌握 AutoCAD 绘制零件图的方法。

【教书育人】

　　通过对零件图基本绘图和读图方法的学习，逐步加强对学生的表达能力和绘图能力的培养，培养学生严格执行国家标准要求，一丝不苟、精益求精、遵纪守法的职业素养，帮助学生在零件生产过程中树立经济效益观念，形成严格遵守日常的行为准则、执业规范和职业道德的良好习惯。

【知识链接】

模块一　识读与绘制典型零件图

一、零件图概述

　　零件是组成机器或部件的基本单位。任何机器或部件都是由许多零件按一定的装配关系和技术要求装配起来的。要生产出合格的机器或部件，必须首先制造出合格的零件。用来制造和检验零件的图样称为零件图。

1. 零件图的作用

零件图是生产技术中主要的技术文件，是制造和检验零件的依据，也是技术交流的重要资料。

2. 零件图的内容

（1）一组视图

综合运用机件的各种表达方法，通过视图完整、清晰地表达零件的结构和形状。

（2）全部尺寸

正确、完整、清晰、合理地表达零件各部分的大小和各部分之间的相对位置关系。

（3）技术要求

表示或说明零件在加工、检验过程中所需的要求。如尺寸公差、几何公差、表面结构、热处理要求等。技术要求常用符号或文字来表示。

（4）标题栏

在标题栏中说明零件的名称、材料、质量、图样的代号、比例、设计、制图及审核人的签名和日期、内容。

二、零件图的视图选择

零件图的视图选择，应综合考虑零件的功用、结构特点、工艺过程，运用各种表达方法，以最少数目的图形将零件的结构形状正确、清晰、完整地表达出来。

图 7-1 所示为一阀杆，其零件图如图 7-2 所示。

图 7-1　阀杆

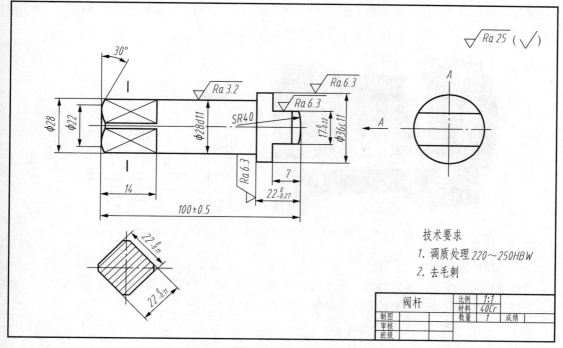

图 7-2 阀杆零件图

1. 主视图的选择

主视图是一组视图中最重要的视图，它在表达零件结构形状、绘图和读图过程中起着主导作用。选择主视图时，应遵循以下三个原则。

（1）形状特征原则

所选择的投射方向得到的主视图应最能清楚地显示零件的形状特征。如图 7-3 所示轴承座按图示方向选择主视图，能把该形体的主要形状特征通过主视图最大限度地表现出来。

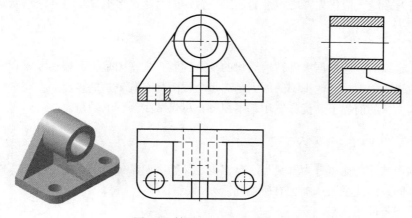

图 7-3 轴承座的主视图选择

（2）加工位置原则

为了便于看图加工和检测尺寸，应尽可能按照零件在主要加工工序中的装夹位置选择主视图。例如，轴、盘类零件主要是在车床上进行加工的。图 7-4 所示为轴类零件在车床上的加工示意图，因此轴、盘类零件是根据其加工位置来确定主视图的。

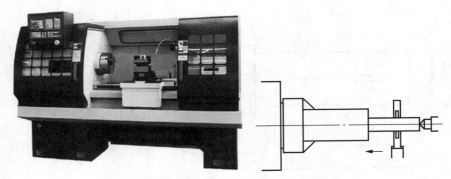

图 7-4　轴类零件在数控车床上的加工示意图

（3）工作位置原则

选择主视图时按零件在机器或部件中的位置来进行，便于了解零件的工作情况。如图 7-5 所示，吊钩与前拖钩的主视图是按其工作时的位置来选择的。

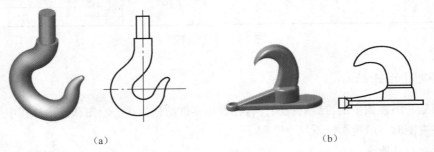

（a）　　　　　　　　　　　　　　　　　（b）

图 7-5　零件的工作位置

一个零件的主视图选择不一定能同时满足以上三个原则。因零件图主要用于加工和检验，当以上选择不可兼顾时，应优先考虑零件的加工位置，同时尽量多地显示零件的形状结构特征。

2. 其他视图选择

主视图确定以后，应根据零件结构形状的复杂程度、主视图是否已表达完整和清楚，来确定是否需要其他视图。选择其他视图的原则是：每个视图都有其表达的重点，在完全、清晰地表达零件内外结构形状的前提下，优先选用基本视图，尽量减少视图的数量。

3. 典型零件的表达方法

零件按照形状、用途可分为轴套类、盘盖类、叉架类、箱体类等，由于各类零件的形状特征及加工方法不同，因此视图选择也有所不同。

（1）轴套类零件

轴套类零件包括各种轴、套、筒等，主要作用是支承传动件（如齿轮、皮带轮等），并通过传动件来实现旋转运动及传递扭矩。

轴套类零件通常由各段不同直径的圆柱或圆锥组成，其上多有键槽、销孔、退刀槽、倒角、倒圆、螺纹等工艺结构。轴套类零件一般采用一个基本视图表示各段的长度及结构。从动轴及其零件图如图7-6所示。

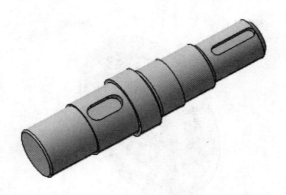

（a）从动轴

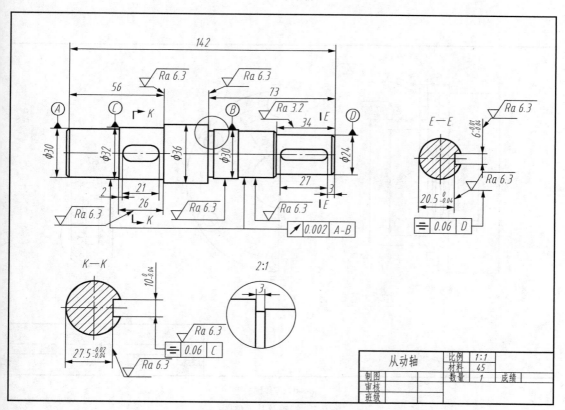

（b）零件图

图7-6　从动轴及其零件图

（2）盘盖类零件

盘盖类零件包括端盖、法兰、手轮等，主要用于传递扭矩、连接支承及定位和密封。

① 形体和结构特点：盘盖类零件主要由不同直径的同心圆柱面组成，其厚度相对于直径小得多，呈盘状，周边常分布一些孔、槽等，通常还有沉孔、止口、凸台、轮辐等结构。

② 表达方案的选择：盘盖类零件的主要表面多在车床上加工，因此，按加工位置和轴向结构形状特征选择主视图，并多用剖视图来表达机件的内部结构，一般需采用两个基本视图。端盖及其零件图如图 7-7 所示。

（a）端盖

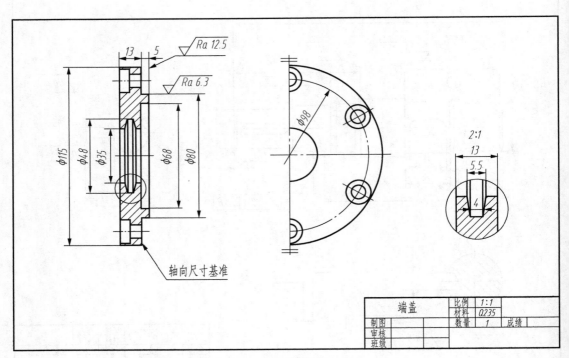

（b）零件图

图 7-7　端盖及其零件图

（3）叉架类零件

叉架类零件一般包括拨叉、连杆、支座、摇臂、杠杆等，用于传动、连接及支承等。

① 形体和结构特点：叉架类零件主要由支承部分、工作部分和连接部分组成，一般带有圆孔、螺孔、油孔、凸台、凹坑等结构。这类零件通常不规则，加工位置多变，有的甚至没有确定的工作位置，一般为铸件或锻件，加工时要经过车、铣、刨等多道工序。

② 表达方案的选择：一般按工作位置和形状特征原则画主视图，大多采用局部剖视图表达

内、外结构形状，倾斜结构往往采用斜视图、斜剖视图及断面图来表示，一般需采用两个基本视图。拨叉及其零件图如图7-8所示。

（a）拨叉

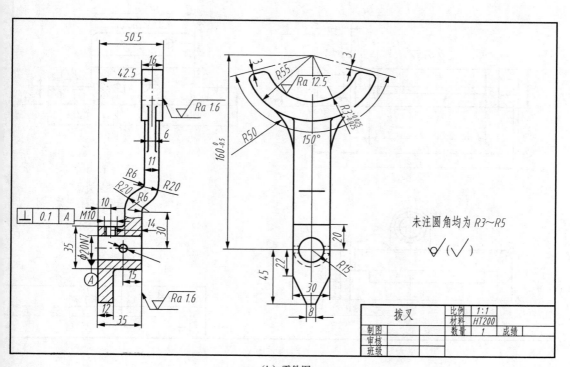

（b）零件图

图7-8 拨叉及其零件图

（4）箱体类零件

箱体类零件结构比较复杂，一般为机器或部件的主体，用于容纳、支承和保护运动零件或其他零件，也起定位和密封的作用。

① 形体和结构特点：箱体类零件一般具有较大的空腔，箱壁上常有轴承孔，有安装底板、凸台、凹坑等结构。

② 表达方案的选择：箱体类零件的结构形状和加工情况比较复杂，一般需要三个以上的基本视图，并根据需要选择合适的视图、剖视图及断面图来表达其复杂的内、外部结构。机用虎钳上固定钳身及其零件图如图7-9所示。

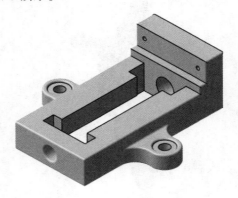

（a）固定钳身

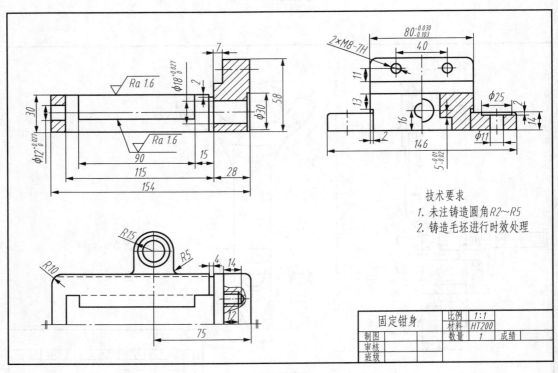

（b）零件图

图7-9　固定钳身及其零件图

三、零件图的尺寸标注

尺寸标注是零件图中的一项重要内容，它是零件加工、测量和检验的依据。尺寸标注是否合理直接影响零件的加工质量。

1. 尺寸基准的选择

零件图的尺寸基准是指零件装配到机器上或在加工测量时,用以确定其位置的一些面、线。

尺寸基准的选择及案例

（1）设计基准和工艺基准

① 设计基准：根据零件的结构和设计要求而确定的基准。如图 7-10 所示的轴承座,两个轴承座可以支承一根轴,它们的轴孔应在同一轴线上,为了保证轴孔到底面的距离,高度尺寸的标注应以底面为尺寸基准。长度方向的尺寸基准应选择轴承座的左右对称面,以保证底板上两孔之间的距离以及对轴孔的对称关系。

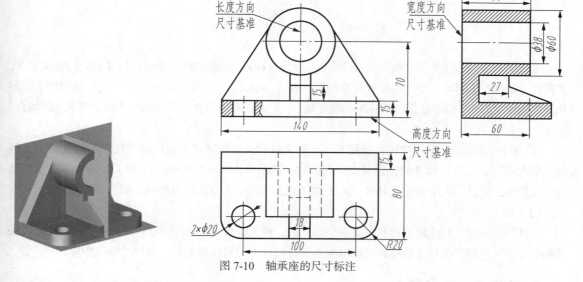

图 7-10　轴承座的尺寸标注

② 工艺基准：根据对零件加工和测量的要求而确定的基准。如图 7-11 所示,阶梯轴在车床上加工时,车削每一次的最终位置,都是由右端面为起点来测定的,因此该阶梯轴的右端面即为其工艺基准。

（2）主要基准和辅助基准

任何一个零件都有长、宽、高三个方向（或轴向、径向两个方向）的尺寸,每个方向的尺寸至少有一个基准,这三个基准就是主要基准。必要时还可以增加一些基准,即辅助基准。

要注意的是：主要基准和辅助基准之间一定要有尺寸联系；主要基准应尽量为设计基准,同时也为工艺基准,辅助基准一般为工艺基准,如图 7-12 所示。

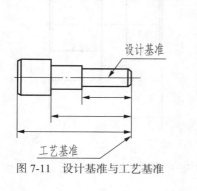

图 7-11　设计基准与工艺基准

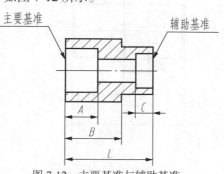

图 7-12　主要基准与辅助基准

2. 尺寸标注的形式

尺寸标注形式有坐标式、链状式和综合式，如图 7-13 所示。

　　（a）坐标式　　　　　　　　（b）链状式　　　　　　（c）综合式

图 7-13　尺寸标注形式

（1）坐标式

零件同一方向的几个尺寸由同一基准出发，称为坐标式。坐标式能保证所注尺寸误差的精度要求，各段尺寸精度互不影响，不产生位置误差积累。如图 7-13（a）所示，A、B、C 三段尺寸的加工误差相互之间不受影响，但不能保证两孔距的精度要求。此方式多应用在基准之间尺寸精度要求高的场合。

（2）链状式

零件同一方向的几个尺寸依次首尾相连，称为链状式。链状式可保证各段尺寸的精度要求，但基准依次推移，使各段尺寸的位置误差受到影响。如图 7-13（b）所示，A、D、E 的加工误差相互间不受影响，但总体长度误差受到 A、D、E 加工误差影响。此方式常应用在孔距有精度要求的场合。

（3）综合式

零件同方向尺寸标注既有链状式又有坐标式的，称为综合式，如图 7-13（c）所示。此种形式既能保证零件一些部位的尺寸精度，又能减少各部位的尺寸位置误差累积，在尺寸标注中应用最广泛。

3. 尺寸标注注意事项

（1）不能将尺寸注成封闭的尺寸链

一组首尾相连的链状尺寸称为尺寸链。如图 7-14（a）所示，在标注轴向尺寸时，不仅对轴上各段尺寸（A、B、C）连续地进行了标注，而且对全长尺寸（L）进行了标注，这样就形成了封闭的尺寸链。由于尺寸误差的累积，尺寸链中总有难以保证精度的尺寸，因此，标注时不能注成封闭的尺寸链，应在尺寸链中选一个不重要的尺寸空出不注，这一段被称为开口环，如图 7-14（b）所示。

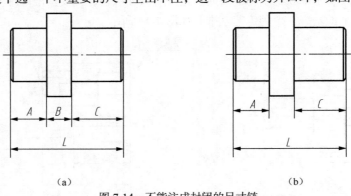

　　　　　　（a）　　　　　　　　　　　　　　　　（b）

图 7-14　不能注成封闭的尺寸链

（2）标注尺寸尽量符合加工顺序

零件图上除重要尺寸应直接注出外，其他尺寸一般尽量按加工顺序进行标注。每一加工步骤均可由图中直接看出所需尺寸，也便于测量时减少误差。图7-15显示了轴的加工顺序与标注尺寸的关系。

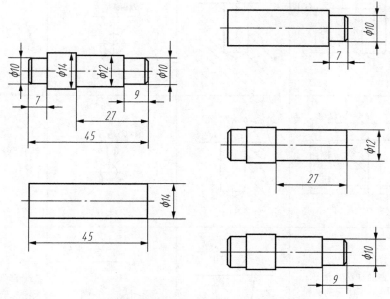

图7-15　轴的加工顺序与标注尺寸的关系

（3）标注尺寸应考虑测量方便

当尺寸对设计的要求影响不大时，应考虑测量方便。例如，图7-16（a）所示图例容易测量，而图7-16（b）所示图例不易测量。

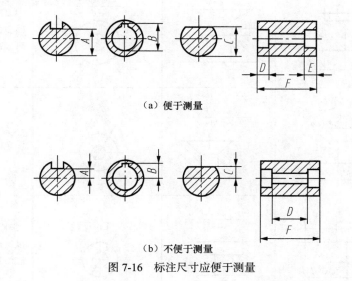

（a）便于测量

（b）不便于测量

图7-16　标注尺寸应便于测量

4. 零件图上常见结构的尺寸注法

零件图上常见的光孔、锪孔、沉孔、螺孔等结构的尺寸，可参照表7-1进行标注。

表 7-1   零件上常见孔的尺寸标注

类型	普通注法	旁注法		说　明
光孔	4×φ5　10	4×φ5▽10	4×φ5▽10	"▽" 为孔深符号
光孔	4×φ5H7　10　12	4×φ5H7▽10 孔▽12	4×φ5H7▽10 孔▽12	钻孔深度为12，精加工孔（铰孔）深度为10
光孔	该孔无普通注法。注意：φ4是指与其相配的圆锥销的公称直径（小端直径）	锥销孔φ4 配作	锥销孔φ4 配作	"配作" 是指该孔与相邻零件的同位销孔一起加工
锪孔	φ45　4×φ20	4×φ20 ⊔φ45	4×φ20 ⊔φ45	"⊔" 为锪平符号，锪孔通常只需锪出圆平面即可，故沉孔深度一般不注
沉孔	90° φ20 φ11	4×φ11 ∨φ20×90°	4×φ11 ∨φ20×90°	"∨" 为埋头孔符号，该孔为安装沉头螺钉所用
沉孔	φ18　4　4×φ11	4×φ11 ⊔φ18▽4	4×φ11 ⊔φ18▽4	该孔为安装内六角圆头螺钉所用，承装头部的孔深应注出

续表

类型	普通注法	旁注法		说明
螺孔	3×M6-6H EQS	3×M6-6H EQS	3×M6-6H EQS	"EQS"为均布孔的缩写词
	3×M6-6H EQS 10	3×M6-6H▼10 EQS	3×M6-6H▼10 EQS	
	3×M6-6H EQS 10 12	3×M6-6H▼10 孔▼12 EQS	3×M6-6H▼10 孔▼12 EQS	

四、零件图上的技术要求

技术要求是零件图的又一项重要内容，它是设计零件时为了保证其性能要求而提出的一些技术指标。下面就几种常见的技术要求及其注写方法进行简单的介绍。

1. 表面结构要求及其标注

在机械图样上，为保证零件装配后的使用要求，除了对零件各部分结构的尺寸、形状和位置给出公差要求，还要根据功能需要对零件的表面质量、表面结构给出要求。表面结构是表面粗糙度、表面波纹度、表面缺陷、表面纹理和表面几何形状的总称。表面结构的各项要求在图样中的表示法在《产品几何技术规范（GPS）技术产品文件中表面结构的表示法》（GB/T 131—2006）中均有具体规定。这里主要介绍常用的表面粗糙度的表示法。

（1）表面粗糙度

零件经过机械加工后的表面并不都是绝对光滑的，用放大镜观察，可看到凹凸不平的刀痕。表面粗糙度是指零件加工后表面上具有较小间距的峰谷所组成的微观不平度。它是评定零件表面质量的一项重要技术指标，对零件的配合、耐磨性、耐腐蚀性以及密封性都有显著影响。

（2）表面粗糙度的评定参数

评定表面粗糙度的主要参数是轮廓算术平均值 Ra 和轮廓最大高度 Rz，优先选用 Ra。零件表面粗糙度 Ra 值的选用，应该既满足零件表面的功能要求，又经济合理。一般情况下，凡是零件上有配合要求或有相对运动的表面，Ra 值要小。Ra 值越小，表面质量越高，但加工成本也越高。因此，在满足使用要求的前提下，应尽量选用较大的参数值，以降低成本。

表 7-2 列出了国家标准推荐的 Ra 优先选用系列。

表7-2   轮廓算术平均值 Ra 优先选用系列   （单位：µm）

0.012	0.025	0.05	0.1	0.2	0.4	0.8
1.6	3.2	6.3	12.5	25	50	100

（3）表面结构的图形符号

标注表面结构要素要求时，图形符号的画法及尺寸要求见表7-3和表7-4。

表7-3   表面粗糙度的图形符号和画法

符号名称	符号	含义
基本图形符号	H_1、H_2、d'（符号线宽）的尺寸见表7-4	未指定工艺方法的表面；基本图形符号仅用于简化代号标注，当通过一个注释来解释时可单独使用，没有补充说明时不能单独使用
扩展图形符号		用去除材料的方法获得表面，如通过车、铣、刨、磨等机械加工的表面；仅当其含义是"被加工表面"时才可单独使用
		用不去除材料的方法获得表面，如铸、锻等；也可用于保持上道工序形成的表面，不管这种状况是通过去除材料还是不去除材料形成的
完整图形符号	允许任何工艺　　去除材料　　不去除材料	在基本图形符号或扩展图形符号的长边上加一横线，用于标注表面结构特征的补充信息

表7-4   表面结构图形符号的尺寸   （单位：mm）

数字与大写字母（或小写字母）的高度 h	2.5	3.5	5	7	10	14	20
符号的线宽 d'、数字与字母的笔画宽度 d	0.25	0.35	0.5	0.7	1	1.4	2
高度 H_1	3.5	5	7	10	14	20	28
高度 H_2	7.5	10.5	15	21	30	42	60

（4）表面结构要求在图样中的注法

表面结构要求在图样中标注的基本原则如下。

① 表面结构要求对每一表面一般只标注一次，并尽可能标注在相应的尺寸及其公差的同一视图上，除非另有说明。所标注的表面结构要求是对完工零件表面的要求。

② 表面结构的注写和读取方向与尺寸的注写和读取方向一致。表面结构要求可标注在轮廓线上，其符号应从材料外指向零件表面并与之接触，见表7-5中图例1。必要时，表面结构符号也可用带箭头或黑点的指引线引出标注，见表7-5中图例2。

③ 在不致引起误解时，表面结构要求可以标注在给定的尺寸上，见表7-5中图例3。

④ 表面结构要求可标注在几何公差框格的上方，见表7-5中图例4。

⑤ 表面结构要求可标注在圆柱特征视图的延长线上，见表7-5中图例5、图例6。

⑥ 表面结构要求的简化注法，见表7-5中图例7、图例8。

表 7-5　　　　　　　　　　　　　表面结构要求在图样中的标注示例

序　号	图　例	说　明
1		表面结构的注写和读取方向与尺寸的注写和读取方向一致
2		表面结构符号也可用带箭头或黑点的指引线引出标注
3		在不致引起误解时，表面结构要求可以标注在给定的尺寸线上
4		表面结构要求可以标注在几何公差框格的上方
5		表面结构要求可直接标注在圆柱特征的延长线上，或用带箭头的指引线引出标注
6		圆柱和棱柱的表面结构要求均要标注在各自的位置。棱面的表面结构有不同要求时，则应分别单独标注
7		若在工件的多数（包括全部）表面有相同的表面结构要求，则其表面结构要求可统一标注在图样的标题栏附近。而且表面结构要求的符号后面加圆括号，圆括号内给出无任何要求的基本符号，或在圆括号内给出不同的表面结构要求

序　号	图　例	说　明
8	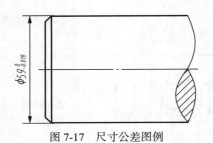　$\sqrt{Z}$ = $\sqrt{URz1.6\sim LRa0.8}$　$\sqrt{Y}$ = $\sqrt{Ra\,3.2}$	多个表面有共同要求或图纸工作空间有限时,可用带字母的完整符号,以等式的形式在图形或标题栏附近,对有相同表面结构要求的表面进行统一简化标注

2. 极限与配合

在相同规格的一批零件中，不用选择、不经修配就能装在机器上，达到规定的性能要求，零件的这种性质称为互换性。

（1）尺寸公差

制造零件时，为了使机件具有互换性，要求零件的尺寸在一个合理范围内，由此就规定了极限尺寸。加工后的实际尺寸应在规定的上极限尺寸和下极限尺寸之间，所允许的尺寸变动量称为尺寸公差，简称公差。下面以图 7-17 所示的轴为例，介绍有关公差的名词和术语，极限与配合术语图解如图 7-18 所示。

图 7-17　尺寸公差图例

① 基本尺寸：设计时给定的尺寸，如图 7-17 中的 $\phi59$。

② 实际尺寸：通过测量得到的尺寸。由于存在测量误差，实际尺寸并非就是尺寸的真实大小。

③ 极限尺寸：允许尺寸变动的两个极限值。它以基本尺寸为基础来确定，较大的一个称为上极限尺寸，较小的一个称为下极限尺寸。如图 7-17 中的上极限尺寸为 $\phi59$，下极限尺寸为 $\phi58.981$。

④ 尺寸偏差（偏差）：极限尺寸减去其基本尺寸所得的代数差。上极限尺寸减去其基本尺寸所得的代数差称为上极限偏差；下极限尺寸减去其基本尺寸所得的代数差称为下极限偏差；实际尺寸减去其基本尺寸所得的代数差为实际偏差。

偏差可以为正、负或零值。国家标准规定：轴的上极限偏差、下极限偏差代号分别用小写字母 es、ei 表示；孔的上、下极限偏差代号用大写字母 ES、EI 表示。如图 7-17 中的 es=0，ei=−0.019。

⑤ 尺寸公差（公差）：尺寸允许的变动量，即公差 IT=|上极限尺寸−下极限尺寸|=|59−58.981|=0.019 或公差=|上极限偏差−下极限偏差|=|0−（−0.019）|=0.019。

⑥ 零线：在公差带图（见图 7-19）中确定偏差的一条基本直线。通常以零线表示基本尺寸。

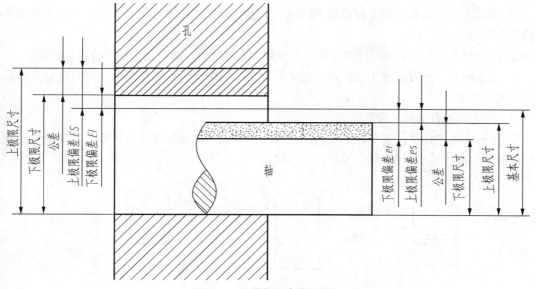

图 7-18　极限与配合术语图解

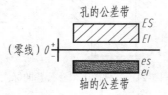

图 7-19　公差带和公差带图

⑦ 公差带：表示孔和轴的公差大小及相对于零线位置的一个区域。如图 7-19 所示表示孔和轴的公差带。

⑧ 公差带图：将孔和轴的公差带与基本尺寸相关联所画成的简图。

⑨ 基本偏差：用以确定公差带相对于零线位置较近的那个极限偏差称为基本偏差。它可以是上极限偏差或下极限偏差，一般是指靠近零线的那个偏差。

（2）配合

基本尺寸相同的、相互结合的孔和轴公差带之间的关系称为配合。由于使用的要求不同，孔与轴之间配合的松紧程度也不同。国家标准将配合分为三种，如图 7-20 所示。

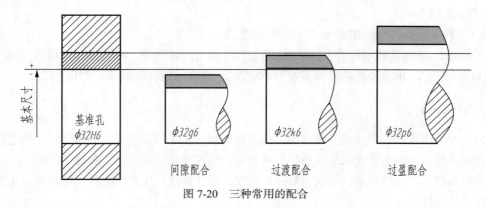

图 7-20　三种常用的配合

① 间隙配合：具有间隙（包括最小间隙等于零）的配合称为间隙配合。此时孔的公差带在轴的公差带之上。

② 过渡配合：可能具有间隙或过盈的配合称为过渡配合。此时孔、轴的公差带重叠。

③ 过盈配合：具有过盈（包括最小过盈等于零）的配合称为过盈配合。此时孔的公差带在轴的公差带之下。

（3）公差与配合的标注及其查表

① 零件图上的标注。在零件图上的标注有三种形式，在基本尺寸后只标公差带代号，或只标极限偏差，或代号和偏差都标，如图 7-21 所示。

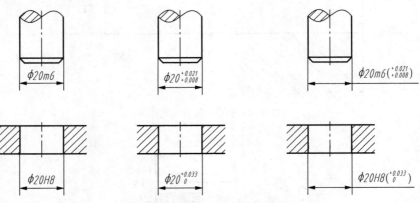

图 7-21　零件图上尺寸公差的标注

② 装配图上的标注。在装配图上的标注也有三种形式，如图 7-22 所示。

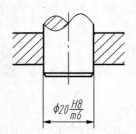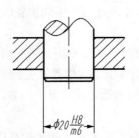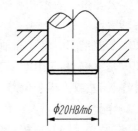

图 7-22　装配图上尺寸公差的标注

③ 查表方法举例。

【例 7-1】　查表写出 $\phi20H8/m6$ 的极限偏差数值。

解：$\phi20H8/m6$ 是基孔制配合，其中 H8 是基准孔的公差带代号，m6 是配合轴的公差带代号。在附表 11 和附表 12 中查得孔的极限偏差为 $\phi20^{+0.033}_{0}$，查得轴的极限偏差为 $\phi20^{+0.021}_{+0.008}$。

3. 几何公差

几何公差是指零件要素（点、线、面）的实际形状、实际位置或实际方向等对于理想形状、理想位置或理想方向的允许变动量，包括形状公差、位置公差、方向公差和跳动公差。

为了提高机械产品的质量，不仅需要保证零件的尺寸精度，还要保证其几何精度，并将要求正确地标注在图样上。

（1）几何公差的几何特征符号

国家标准将形状公差分为六个几何特征，方向公差分为五个几何特征，位置公差分为六个几何特征，跳动公差分为两个几何特征。其中，形状特征无基准要求，每个几何特征都由规定的专用符号表示。几何公差的各个几何特征符号见表7-6。

表7-6　　　　　　　　几何特征符号（摘自 GB/T 1182—2018）

公差	几何特征	符号	有无标准	公差	几何特征	符号	有无标准	公差	几何特征	符号	有无标准
形状公差	直线度	—	无	位置公差	位置度	⊕	有或无	方向公差	平行度	//	有
	平面度	▱	无		同心度（用于中心圆）	◎	有		垂直度	⊥	有
									倾斜度	∠	有
	圆度	○	无		对称度	═	有		线轮廓度	⌒	有
	圆柱度	⌀	无		线轮廓度	⌒	有		面轮廓度	⌓	有
	线轮廓度	⌒	无		面轮廓度	⌓	有	跳动公差	圆跳动	↗	有
	面轮廓度	⌓	无		同轴度（用于轴线）	◎	有		全跳动	↗↗	有

（2）几何公差的标注

几何公差在图样上用公差框格的形式标注。几何公差框格由两格的矩形框格组成，框格中的主要内容从左到右按以下次序填写：几何特征符号、公差值及有关附加符号、基准符号及有关附加符号，如图7-23所示。

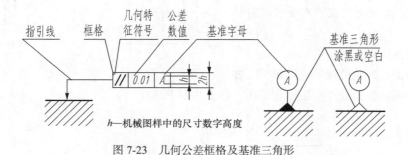

图7-23　几何公差框格及基准三角形

框格的高度应是框格内所书写字体高度的两倍。框格的推荐宽度是：第一格等于框格的高度；第二格应与标注内容的长度相适应；第三格以后各格需与有关字母的宽度相适应。

图7-24所示为一根气门阀杆。当被测要素为线或表面时，从几何公差框格引出的指引线箭头应指向该要素的轮廓线或其延长线。当被测要素是轴线时，应将箭头与该要素的尺寸线对齐，如 M8×1 轴线的同轴度注法。当基准要素是轴线时，应将基准符号与该要素的尺寸线对齐，如基准 A。

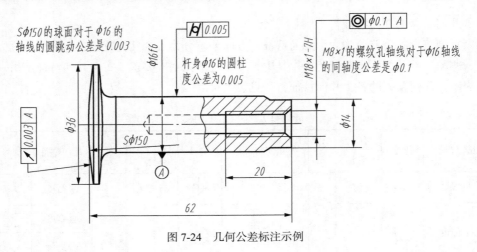

图 7-24 几何公差标注示例

五、零件图上的工艺结构

零件的结构形状，不仅要满足零件在机器中的使用要求，还必须满足零件制造过程中的工艺结构要求，否则将使制造工艺复杂化甚至无法制造或造成废品。下面介绍几种常见的工艺结构画法。

1. 铸造工艺结构

（1）起模斜度

在铸造时，为了便于起模，在沿起模方向的不加工表面上均设计出起模斜度，一般为 1:20，如图 7-25 所示。起模斜度在零件图上一般不画出，必要时可在技术要求或图形中注出。

（2）铸造圆角

在铸件表面各转角处要做成圆角，以防铸造砂型落砂或在尖角处产生裂纹和缩孔，如图 7-26 所示。

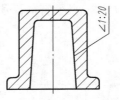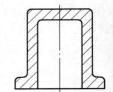

图 7-25 起模斜度

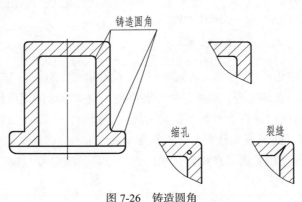

图 7-26 铸造圆角

（3）铸件的壁厚

铸件的各种壁厚要均匀或逐渐变化，防止产生突变或局部肥大，以免产生缩孔或裂纹，如图7-27所示。

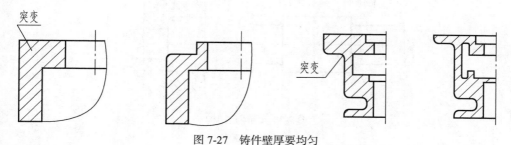

图7-27　铸件壁厚要均匀

（4）肋

如图7-28所示，当需要增加铸件强度时，常采用加强肋的办法，而不是单纯地增加壁厚。

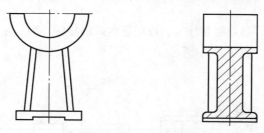

图7-28　加强肋结构

2. 机械加工工艺结构

机械加工工艺结构
的表达及案例

（1）倒角

为了便于装配和操作安全，必须去除零件的锐边和毛刺，常在轴或孔的端部加工出倒角，如图7-29所示。

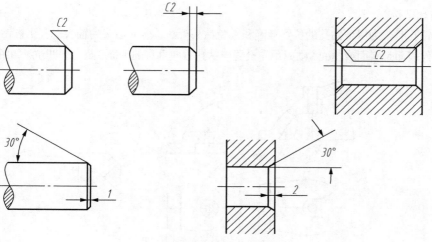

图7-29　倒角结构

（2）倒圆角

为了避免在轴肩或孔肩处产生应力集中，应以圆角过渡，如图 7-30 所示。

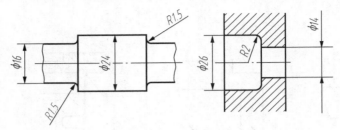

图 7-30　倒圆角结构

（3）螺纹退刀槽和砂轮越程槽

在切削加工中，特别是在车螺纹和磨削时，为了便于退出刀具或使砂轮可以稍稍越过加工面，常在零件的待加工面的末端台肩处，先车出螺纹退刀槽或砂轮越程槽。

（4）凸台和凹坑

零件之间的接触表面一般都需要加工，以保证良好的接触。为了减少加工面或减轻重量，在铸件上设计凸台和凹坑，如图 7-31 所示。

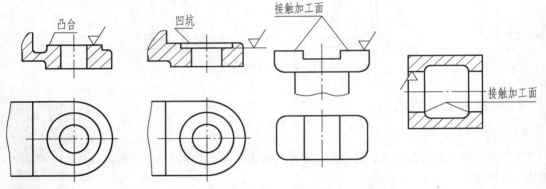

图 7-31　凸台和凹坑结构

（5）钻孔结构

用钻头钻孔时，为保证钻孔的位置准确和避免钻头折断，应使钻头的轴线垂直于被钻孔端面。若需钻孔处零件表面是斜面或曲面，则应预先设置与钻孔方向垂直的平面、凸台和凹坑，如图 7-32 所示。

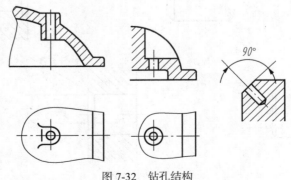

图 7-32　钻孔结构

六、零件测绘

零件的测绘就是根据实际零件选定表达方案，画出它的图形，测量出它的尺寸并标注，制定必要的技术要求。测绘时，首先应徒手画出零件草图，然后根据该草图画出零件工作图。在仿造和修配机器部件以及技术改造时，常常要进行零件测绘，因此，它是工程技术人员必备的技能之一。

1. 徒手画图的要求

徒手画图一般不使用绘图工具，目测其形状和大小，徒手绘制零件草图。

徒手画图的要求如下：图线应清晰，字体工整，目测尺寸误差尽量小，尽量使零件各部分形状正确、比例均匀；绘图速度要快，标注尺寸要正确、完整、清晰、合理。

不能认为徒手画图就可以不清楚、潦草。徒手画图必须认真仔细。

2. 零件测绘的方法和步骤

（1）了解和分析零件

了解零件的名称、用途、材料及其在机器或部件中的位置和作用。对零件的结构形状和制造方法进行分析了解，以便考虑选择零件表达方案和进行尺寸标注。

（2）确定表达方案

先根据零件的形状特征、加工位置、工作位置等情况选择主视图，再按零件内外结构特点选择其他视图和剖视图、断面图等表达方法。

如图 7-33 所示，零件为填料压盖，用来压紧填料，主要分为腰圆形板和圆筒两部分。选择其加工位置方向为主视图，并采用全剖视，主视图表达了填料压盖的轴向板厚、圆筒长度、三个通孔等内外结构形状。选择"K 向"（右）视图，表达填料压盖的腰圆形板结构和三个通孔的相对位置。

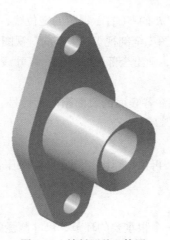

图 7-33　填料压盖立体图

（3）画零件草图。零件草图是绘制零件图的依据，必要时还可以直接指导生产，因此，它必须包括零件图的全部内容。绘制零件草图的步骤如图 7-34 所示。

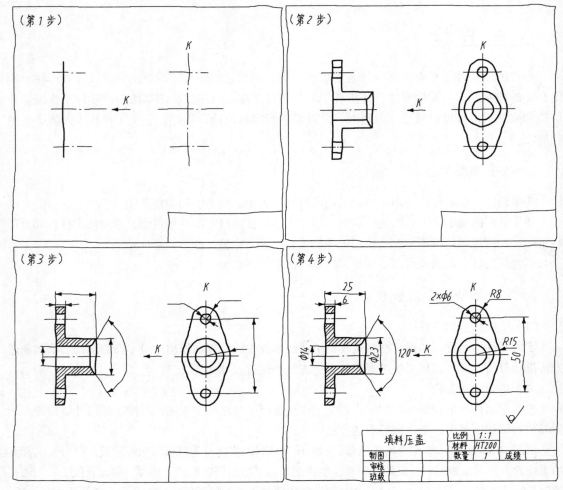

图7-34　绘制零件草图的步骤

① 布置视图，画出主视图、"K向"（右）视图的定位线，如图7-34中的"第1步"所示。

② 目测比例，徒手画出主视图（全剖视）和"K向"视图，如图7-34中的"第2步"所示。

③ 画剖面线，选定尺寸基准，画出全部尺寸界线、尺寸线和箭头，如图7-34中的"第3步"所示。

④ 测量并填写全部尺寸，标注各表面的表面粗糙度代号、确定尺寸公差，填写技术要求和标题栏，如图7-34中的"第4步"所示。

（4）画零件图

对画好的零件草图进行复核，再根据草图绘制完成填料压盖的零件图。

3. 零件尺寸的测量方法

测量尺寸是零件测绘过程中一个很重要的环节，尺寸测量的准确与否将直接影响零件的制造质量。

测量时，应根据对尺寸精度要求的不同而选择不同的测量工具。零件上常用的几何尺寸的测量方法见表7-7。

表 7-7　　　　　　　　　零件上常用的几何尺寸的测量方法

项目	图例与说明	项目	图例与说明
直线尺寸	直线尺寸可用钢直尺和游标卡尺直接测量	直径尺寸	直径尺寸可用内、外卡钳测量，也可用游标卡尺直接测量
孔间距	$A=K+d$　　$A=K-\dfrac{D+d}{2}$ 孔间距可用内、外卡钳测量，也可用游标卡尺测量	壁厚尺寸	壁厚尺寸可用钢直尺直接测量，或用内、外卡钳和钢直尺配合测量

七、识读零件图

1. 读零件图的基本要求

① 了解零件的名称、材料和用途。

② 根据零件图的表示方案，想象零件的结构形状。

③ 分析零件图标注的尺寸，识别尺寸基准和类别，确定零件各组成部分的定形尺寸、定位尺寸及工艺结构的尺寸。

④ 分析零件图中标注的技术要求，明确制造该零件应达到的技术指标。了解制造该零件时应采用的加工方法。

2. 读零件图的方法和步骤

（1）读标题栏

阅读标题栏，了解零件名称、材料、绘图比例等。初步了解其用途，以及属于哪类零件。

（2）分析表示方案

① 浏览全图，找出主视图。

② 以主视图为主搞清楚各个视图名称、投射方向、相互之间的投影关系。

③ 若是剖视图或断面图，应在对应的视图中找出剖切面位置。

④ 若有局部视图、斜视图，必须找出表示部位的字母和表示投射方向的箭头。

⑤ 检查有无局部放大图及简化画法。

通过上述分析，初步了解每一视图的表示目的，为视图的投影分析做准备。

（3）读视图

读视图想象形状时，以主视图的线框、线段为主，配合其他视图的线框、线段的对应关系，应用形体分析法和线面分析法及读剖视图的思维基础来想象零件各个部分的内、外形。想象时，先读主体，后读非主体；先读外形，后读内形；先易后难，先粗后细。在分部分想象内、外形的基础上，综合想象零件整体结构形状。

（4）读尺寸

① 想象零件的结构特点，阅读各视图的尺寸布局，找出三个方向的尺寸基准。了解基准类别以及同一方向是否有主要基准和辅助基准之分。

② 应用形体分析法和结构分析法，从基准出发找出各部分的定形尺寸、定位尺寸以及工艺结构的尺寸，确定总体尺寸，检查尺寸标注是否齐全、合理。

（5）读技术要求

阅读零件图上所标注的表面粗糙度、尺寸偏差、几何公差及其他技术要求。确定零件哪些部位精度要求较高、较重要，以便加工时采用相应的加工测量方法。

以上读图步骤往往不是严格分开和孤立进行的，而常常是彼此联系，互补或穿插进行的。

模块二　用 AutoCAD 绘制零件图

用 AutoCAD 绘制零件图时，除了要根据零件的形状特点用合适的绘图和编辑命令绘制零件基本视图以外，要注意的是零件图中有很多的铸造圆角和倒角结构；还有尺寸精度、几何公差、表面结构等技术要求要在零件图里标注清楚。绘制零件的铸造圆角和倒角结构可以用"圆角"和"倒角"命令完成。标注尺寸精度、几何公差和表面结构等技术要求会涉及"图块"和"形位公差"等命令的使用。（说明："形位公差"是旧国家标准中"几何公差"的说法，但 AutoCAD 软件系统中还没有及时更改，仍然使用"形位公差"。）在这里重点介绍"图块与属性"和"形位公差标注"的使用方法。

一、图块与属性

在绘制零件图和装配图时，对于一些经常重复用到的对象：表面结构符号、几何公差的基准符号、螺纹紧固件等，可以使用图块来提高绘图速度。

1. 图块的概念

图块是将图形中的一个或几个对象组合成一个整体并保存命名，以后将其作为一个实体在图形中调用和编辑。用户可以根据需要按一定比例和角度将图块插入到指定位置，也可以将其作为普通实体对象进行编辑。

2. 图块的创建

图块可以根据使用的范围可分为内部块和外部块两种。内部块只能在其所在的当前图形文件中使用，不能被其他图形文件引用。外部块可供其他图形文件插入和引用。

（1）内部块的创建

① 绘制要定义成块的图形。

② 单击"插入"选项卡"块定义"面板中的"创建块"按钮 ，弹出"块定义"对话框，如图 7-35 所示。

③ 在弹出的"块定义"对话框中的"名称"栏中输入块名，如图 7-35 所示。

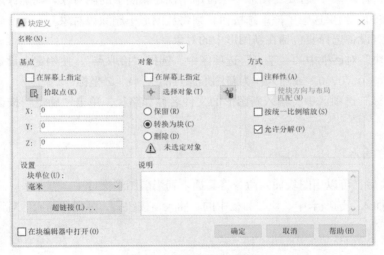

图 7-35　"块定义"对话框

④ 单击"选择对象"按钮，选择要包括在"块定义"中的对象。

⑤ 在"块定义"对话框中的"基点"选项区中，选择"拾取点"，使用定点设备指定一个点或输入该点的 X，Y，Z 坐标即可。

⑥ 在"说明"框中输入块定义的说明。单击"确定"按钮后完成该内部块的创建。

（2）外部块的创建

① 绘制要定义成块的图形。

② 单击"插入"选项卡中"块定义"面板中的"写块"按钮 ，弹出"写块"对话框，如图 7-36 所示。

③ 在对话框中选中"对象"单选按钮。"块"表示选择要保存为文件的内部块；"整个图形"表示选择当前图形文件作为一个块；"对象"表示选择要保存为文件的对象。

图 7-36　"写块"对话框

④ 单击"选择对象"。若要在图形中保留用于创建新图形的源对象，则确保未选中"从图形中删除"单选按钮。如果选中了该单选按钮，则将从图形中删除源对象。

⑤ 使用定点设备选择要包括在新图形中的对象。

⑥ 在"写块"对话框中的"基点"选项区中，选择"拾取点"，使用定点设备指定一个点作为新图形的原点（0，0，0）或输入作为新图形原点的 X，Y，Z 坐标。

⑦ 在"目标"选项区中，输入新图形的文件名称和路径，单击"确定"按钮后完成该外部块的创建。

3. 图块的插入

创建了图块后，可以用图块插入命令将其插入到当前图形文件中。

① 单击"插入"选项卡中"块"面板中的"插入"按钮，弹出"插入"对话框，如图 7-37 所示。

图 7-37　"插入"对话框

② 如果要插入的块在当前图形文件中，可以在"插入"对话框中的"名称"栏下的列表中选择块名。如果要插入不在当前文件中的块和图形文件，则可以单击"浏览"按钮。在弹出的"选择图形文件"对话框中选择要插入的块和图形文件。

③ 需要使用定点设备指定插入点、比例和旋转角度，可选中"在屏幕上指定"复选框，否则就在"插入点""比例"和"旋转"框中分别输入数值。单击"确定"按钮后完成该块的插入。

4. 块属性及属性定义

块属性是指将数据附着到块上的标签和标记。被附着的数据包括零件编号、材料、注释和名称等信息。属性是属于块的非图形信息，即块中的文本对象，它是块的一个组成部分，与块构成一个整体。但属性又不同于块中的一般文本对象，属性包括属性标志和属性值两部分。如果已经将属性定义附着到块中，则插入块时将会用指定的文字串提示输入属性，该块后续的每次插入可以为该属性指定不同的属性值。

① 单击"插入"选项区"块定义"面板中的"定义属性"按钮，弹出"属性定义"对话框，如图 7-38 所示。

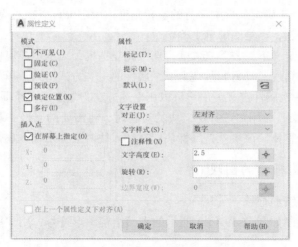

图 7-38　"属性定义"对话框

② 在"模式"选项区中，根据需要设置块的可见性、固定值、验证性和预设模式。

a. "不可见"复选框：用于设置插入块后是否显示属性的值。选中该复选框，属性不可见，即插入块并输入属性值后，属性值不在图形中显示，否则将在块中显示相应的属性值。

b. "固定"复选框：用于设置属性是否为固定值。选中该复选框，属性为定值。此属性值应通过"属性"选项区的"值"文本框设置。如果将属性不设为定值，插入块时则可以输入任意值。

c. "验证"复选框：用于设置对属性值校验与否。选中该复选框，插入块时，当用户根据提示输入属性值后，AutoCAD 会再给出一次提示，让用户校验所输入的属性值是否正确，否则不要求用户校验。

d. "预设"复选框：用于确定是否将属性值直接设置成它的默认值。选中该复选框，插入块时，AutoCAD 把在"属性"选项区的"值"文本框中输入的默认值设置成实际属性值，不再要求用户输入新值；反之用户可以输入新属性值。

③ 在"属性"区域中，标记用于输入属性的标志符。

a. "标记"文本框：用于确定属性的标记名。

b.“提示”文本框：用于确定插入块时 AutoCAD 提示用户输入属性值的提示信息。

c.“默认”文本框：用于设置属性的默认值。用户在各对应文本框中输入具体内容即可。

④ 在“插入点”区域，可采用点取的方式，或直接输入插入点的坐标。

“插入点”选项组：用于确定属性值的插入点，即属性文字排列的参考点。确定该插入点后，AutoCAD 将以该点为参考点，按照在“文字选项”选项区中“对正”下拉列表中确定的文字排列方式放置属性值。用户可以直接在“X”“Y”“Z”三个文本框中输入点的坐标，也可以利用“拾取点”按钮在屏幕上拾取点作为插入点。单击“拾取点”按钮，AutoCAD 临时切换到作图窗口并提示“起点：”，在该提示下确定插入点后，AutoCAD 会返回到“属性定义”对话框。

⑤ 在“文字设置”区域设置属性文字的样式。

a.“对正”下拉列表框：用于确定属性文字相对于参考点（即在“插入点”选项区中确定的插入点）的排列形式。

b.“文字样式”下拉列表框：用于确定属性文字的样式，从相应的下拉列表中选择即可。“高度”按钮：用于确定属性文字的高度。用户可直接在对应文本框中输入高度值，也可以单击“高度”按钮，在绘图屏幕上确定。

c.“旋转”按钮：用于确定属性文字行的旋转角度。用户可直接在对应文本框中输入高度值，也可以单击“旋转”按钮，在绘图屏幕上确定。

⑥“在上一个属性定义下对齐”复选框：选中此复选框，表示当前属性采用上一个属性的文字样式、字高以及旋转角度，且另起行按上一个属性的对齐方式排列。单击对话框中的“确定”按钮，AutoCAD 完成一次属性定义。用户可以用上述方法为块定义多个属性。

⑦ 将属性附着于块，在用户选择定义块的对象时，将需要的属性一起包含到选择集中，这样属性与块就构成一个整体。该块就是属性块，在插入块时会提示输入属性值。

5. 创建表面结构符号的图块

（1）绘制表面结构图形符号

用“直线”命令绘制如图 7-39（a）所示的表面结构图形符号，用“单行文字”命令在图示位置输入字符 Ra。

（2）创建表面结构参数值属性

图 7-38 所示的“属性定义”对话框中，选中“锁定位置”复选框；在“标记”文本框里输入属性标记“参数值”；在“默认”文本框内输入 Ra 的默认值 6.3；在“文字高度”文本框输入文本的高度 5，单击“确认”按钮，在图 7-39（a）上 Ra 的右下角位置指定参数值的插入点，完成属性定义后的表面结构图形符号如图 7-39（b）所示。

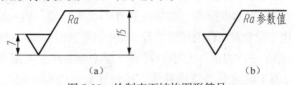

图 7-39　绘制表面结构图形符号

（3）创建表面结构图块

在图 7-35 所示的“块定义”对话框中，在“名称”文本框中输入“表面结构”，单击“拾取点”按钮后，在屏幕上选择 7-39（b）所示图形符号的尖端作为插入基点，再单击“选择对象”

按钮，选择整个图形和文字作为块的对象。单击"确定"后完成表面结构图块定义。

二、形位公差（国家标准中为几何公差）标注

在 AutoCAD 启用形位公差标注可以在"注释"选项卡中，单击"标注"面板中的"公差"按钮 ，如图 7-40 所示。或者选择"标注"→"公差"菜单命令。启用后弹出的"形位公差"对话框如图 7-41 所示。

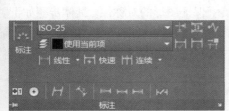

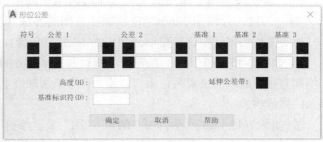

图 7-40　"标注"面板　　　　　　图 7-41　"形位公差"对话框

利用"形位公差"对话框创建形位公差的步骤如下。

① 单击"符号"选项组中的第一个矩形，弹出"特征符号"对话框，如图 7-42 所示。

② 单击"特征符号"对话框中的一个公差符号。

③ 单击"公差 1"选项组中第一个黑框可以插入直径符号"ϕ"，再次单击就可以取消直径符号。

④ 在"公差 1"选项组中的文字框内，输入第一个公差数值。

⑤ 如果要加入公差包容条件，单击"公差 1"选项组中的第二个黑框，弹出"附加符号"对话框，如图 7-43 所示，选择需要插入的符号。（其中符号 M 代表材料的一般中等状况，L 代表材料的最大状况，S 代表材料的最小状况。）

⑥ 有基准要求的，可以在"基准 1""基准 2""基准 3"中输入基准字母，并且可以为每个基准加入附加符号。单击基准选项右侧的黑框即可。

⑦ 单击"确定"按钮，形位公差设置完成，鼠标指针处出现形位公差框格。

⑧ 在绘图区域中拖动鼠标放置形位公差。

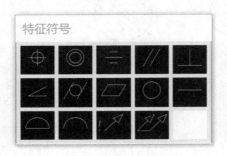

图 7-42　特征符号

图 7-43　附加符号

三、AutoCAD 绘制零件图实例

用 AutoCAD 绘制典型的轴套类零件、盘盖类零件、叉架类零件和箱体类零件基本过程和绘制组合体的三视图类似。掌握了"图块"和"形位公差"等命令的使用方法后，可以在用"绘图"命令和"编辑"命令绘制了零件的基本视图后，对零件图进行尺寸标注，标注中除了使用各种类型的尺寸标注方法，再用"图块""形位公差"的命令对零件的表面结构、精度等级等要求进行标注。

下面以铁路车辆上常用的某型客车转向架中的牵引拉杆组件中的牵引拉杆的零件图（见图 7-44）为例，介绍用 AutoCAD 绘制零件图的方法和步骤。

轴类零件的零件图比较简单，绘图时可以使用镜像命令，保证图形的对称性。具体步骤如下。

① 如图 7-45（a）所示，绘制中心线以及上半部分的轮廓。绘制中心线后用"偏移"命令确定不同直径轮廓线的位置后，用"直线"命令绘制轴线上方的主要轮廓线；再用"修剪"命令将多余的线修剪掉。

② 如图 7-45（b）所示，用"倒角""圆"及"修剪"命令绘制键槽、销孔和倒角等。

③ 如图 7-45（c）所示，使用"直线"命令分别用粗实线和细实线绘制螺纹结构。

④ 如图 7-45（d）所示，使用"镜像"命令将轴线下方的轮廓线绘制完成。

⑤ 如图 7-45（e）所示，用"直线""圆"等命令绘制三个断面图。

⑥ 如图 7-45 所示，进行适当的"标注样式"设置，标注尺寸，运用"块与属性"标注技术要求及标题栏。完成效果如图 7-44 所示。

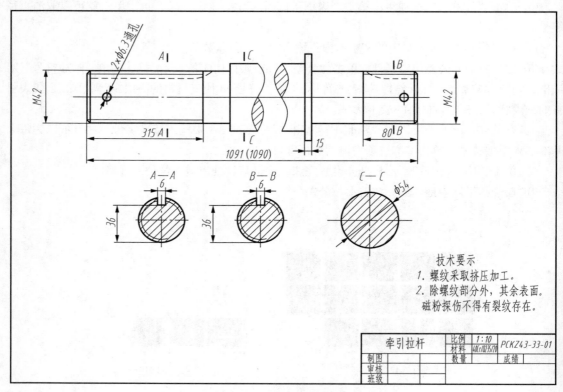

图 7-44　牵引拉杆的零件图

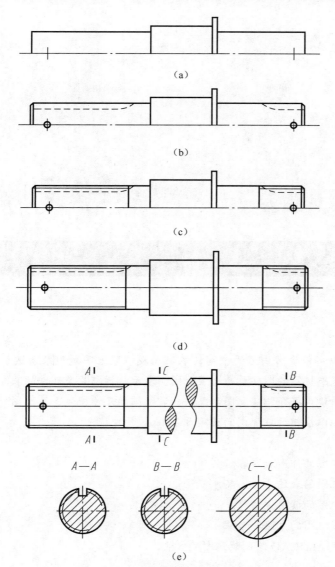

图 7-45 牵引拉杆的零件图绘图步骤

学习情境八

装配图

【情境概述】

一台机器或部件通常由若干个零件装配而成。装配图是用来表达机器或部件的图样。表示一台完整机器的图样称为总装配图；表示机器中某个部件的装配图称为部件装配图。本学习情境中将介绍装配图的画法、装配图的尺寸标注、装配图的技术要求、装配图的画图步骤以及识读装配图的正确方法。

【学习目标】

- 熟悉装配图的作用和内容；
- 掌握装配图的表达方法、尺寸标注；
- 掌握装配图的读图方法；
- 熟悉画装配图的方法和步骤；
- 熟悉应用 AutoCAD 绘制装配图的方法。

【教书育人】

通过对比装配图和零件图的不同表达方法，培养学生顾全大局的集体观念；使其养成互帮互助、团结友善的良好品质，良好的沟通交流以及团队合作的能力；培养学生树立适应时代要求的设计思想，以及认真负责的工作态度和一丝不苟的工作作风及工匠精神；使学生树立掌握先进制造技术、勇于创新、为中国制造做贡献的信心。

【知识链接】

模块一 识读与绘制装配图

一、装配图概述

装配图是表达机器（或部件）的工作原理、结构性能和各零件间装配连接关系的图样。任何复杂的机器都是由若干个部件组成的，而部件又是由许多个零件装配而成的。这种表达机器、部件或组件的图样，统称为装配图。

1. 装配图的作用

在工业生产中，新产品设计、原产品改造或仿造，一般都应先画出装配图，再由装配图拆画零件图；在产品制造过程中，制造出零件后，再根据装配图装配成装配体；在产品使用和技术交流中，要从装配图了解其性能、工作原理、使用和维修方法等。因此，装配图是指导产品设计、生产和使用的重要技术文件。

2. 装配图的内容

图 8-1 所示为滑动轴承的立体图和结构分解图，图 8-2 所示为滑动轴承的装配图。从图 8-2 中可以看出一张完整的装配图应包括以下内容。

图 8-1　滑动轴承的立体图和结构分解图

（1）一组视图

视图用来正确、完整、清晰和简便地表达机械（或部件）的工作原理、零件之间的装配关系和零件的主要结构形状。

（2）必要尺寸

根据装配、检验、安装、使用机械的需要，在装配图中必须标注反映机器（或部件）的性能、规格、安装情况、部件或零件间的相对位置、配合要求和机器的总体尺寸。

（3）技术要求

用文字或符号标注出机器（或部件）的质量、装配、检验、维修和使用等方面的要求。

（4）标题栏和明细栏

根据生产组织和管理工作的需要，按一定的格式，将零部件逐一编注序号，并填写明细栏和标题栏。

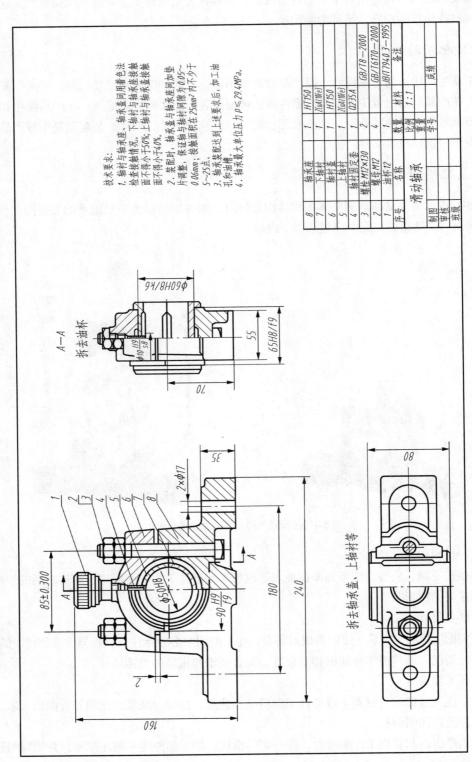

技术要求：
1. 轴衬与轴承座、轴承盖间用着色法检查接触情况。下轴衬与轴承座接触面不得小于50%，上轴衬与轴承盖接触面不得小于40%。
2. 装配时，轴承盖与轴衬间加垫片调整，保证轴与轴衬间隙为0.05～0.06mm；接触面积在25mm²内不少于5～25点。
3. 轴承装配达到以上要求后，加工油孔和油槽。
4. 轴承最大单位压力 p≤29.4MPa。

拆去油杯

A—A

Φ60H6/f6
Φ74H8/f6

65H8/f9

55

70

φ10 H9/s8

8	轴承座	1	HT150	
7	下轴衬	1	ZCuA1Fe3	
6	轴承盖	1	HT150	
5	上轴衬	1	ZCuA1Fe3	
4	轴衬固定套	1	Q235A	
3	螺栓 M12×130	2		GB/T8—2000
2	螺母 M12	4		GB/T6170—2000
1	油杯 12	1		JB/T7940.3—1995
序号	名称	数量	材料	备注

		比例	1:1	成绩
滑动轴承		重量 量号		
制图				
审核				
班级				

拆去轴承盖、上轴衬等

1 2 3 4 5 6 7 8

2×φ17

35

85±0.300

φ50H8

90 H9/f9

2

180

240

160

拆去轴承盖、上轴衬等

80

图 8-2 滑动轴承的装配图

二、装配图的表达方法

装配图和零件图在表达内容上有共同点，即都要表达出零部件的内、外部结构，但侧重点又有所不同：零件图侧重表达零件的内部结构和外部形状，而装配图则侧重表达零件与零件之间的结构关系。因此，在零件图上所使用的各种表达方法，在装配图上同样适用。另外，装配图还有一些特殊的表达方法。

1. 装配图的规定画法

① 接触面、配合面的画法。在装配图中，相邻两零件的接触面或配合面只画一条线，否则应画两条线表示各自的轮廓线。如图 8-3 中，①为接触面和配合面的画法，②为非接触面的画法。

② 剖面线的画法。相邻两零件的剖面线要画成不同的方向或不同的间隔，在各视图中，同一零件的剖面线的方向和间隔应一致，如图 8-3 中③所示。

③ 当零件的厚度小于或等于 2mm 时，允许用涂黑表示剖面符号，如图 8-3 中④垫片所示。

④ 实心零件和标准件的画法。在装配图中，对于螺栓、螺柱、螺钉、螺母、垫圈、键、销等标准件以及轴、杆、球、钩、手柄等实心零件，当剖切平面通过它们的轴线或对称平面时，在剖视图中按不剖绘制，如图 8-3 中⑤所示。若这些零件上有孔、键槽等结构需要表达，则可以采用局部剖视图，如图 8-3 中⑥所示。

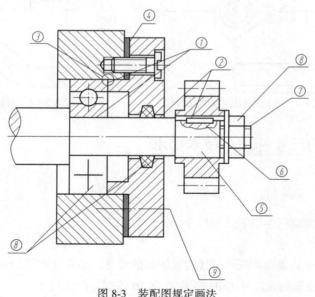

图 8-3　装配图规定画法

2. 装配图的特殊表达方法

（1）拆卸画法

为了表达装配体的内部结构或被遮挡部分的结构形状，可假想沿两个零件的结合面将一个或几个零件拆卸后绘制视图，并在该图上方标注"拆去××等"。如图 8-2 所示，俯视图右半部分即为拆去轴承盖、上轴衬等零件后绘制的，左视图为拆去油环后绘制的。

（2）简化画法

在装配图中，零件的工艺结构如小圆角、小倒角、退刀槽等可不画出，如图8-3中⑦所示，装配图中的标准件可采用简化画法，如图8-3中⑧所示。若干相同的零件组如螺纹紧固件等，可仅详细地画出一处，其余只需要用细点画线标明中心位置即可，如图8-3中⑨所示。

（3）夸大画法

当装配图中有厚度或直径较小的薄片零件、细丝零件、较小的斜度或锥度，而这些零件又无法按实际比例画出时，允许将这些结构不按比例夸大画出，如图8-3中垫片的夸大画法。

（4）假想画法

在装配图中当需要表达与本装配体有关，但不属于本装配体的相邻零（部）件时，或者在装配图中需要表达运动机件的极限位置时，可用双点画线画出该运动零件极限位置的外形轮廓，如图8-4、图8-5所示。

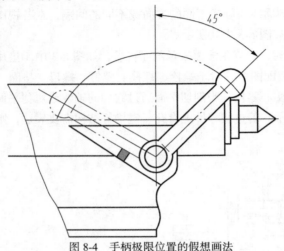

图8-4　手柄极限位置的假想画法

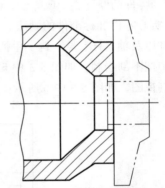

图8-5　相邻机构的假想画法

三、装配图的尺寸标注、技术要求

装配图的尺寸标注

1. 装配图的尺寸标注

在装配图中，通常应标注以下几类尺寸。

（1）性能（规格）尺寸

性能（规格）尺寸是表示装配体的性能或规格的尺寸，是设计和使用部件（机器）的依据。例如，图8-2中滑动轴承的孔尺寸ϕ50H8、中心高70等都是性能尺寸。

（2）装配尺寸

装配尺寸由配合尺寸和相对位置尺寸组成。

① 配合尺寸：表示零件间配合性质的尺寸，如图8-2中的90H9/f9、65H8/f9、ϕ60H8/k6等。

② 相对位置尺寸：表示零件间或部件间比较重要的相对位置，是装配时必须保证的尺寸，如图8-2中两螺栓中心距85±0.300。

（3）外形尺寸

外形尺寸表示部件或机器总长、总宽和总高，是包装、运输、安装及厂房设计的依据，如图

8-2 中的滑动轴承总长尺寸 240、总宽尺寸 80、总高尺寸 160。

（4）安装尺寸

安装尺寸是表示部件安装在机器上或机器安装在基础上所需的尺寸，如图 8-2 中的尺寸 180、2×ϕ17。

（5）其他重要尺寸

这类尺寸是在设计中经过计算确定或选定的尺寸以及装配时的加工尺寸，但又未包括在上述四种尺寸中。

在一张装配图中，以上五类尺寸并不一定全部出现，而且某一尺寸有可能不仅仅属于一类尺寸。

2. 装配图中的技术要求

装配图中用来说明装配体的性能、装配、检验、使用等方面的技术指标，统称为装配图的技术要求，一般包括以下几方面内容。

（1）装配要求

装配体在装配过程中需注意的事项，装配后应达到的指标，如准确度、装配间隙、润滑要求等。

（2）使用要求

对装配体的规格、参数及维护、保养的要求、操作时的注意事项等。

（3）检验要求

对装配体基本性能的检验、试验及操作时的要求。

四、装配图的零件序号、明细栏

1. 装配图的零件序号

装配图中的每种零件、组件都要编号。形状、尺寸完全相同的零件只编一个序号，数量填写在明细栏内，形状相同、尺寸不同的零件要分别编号。滚动轴承、油杯、电动机等标准组件只编一个序号。

装配图中序号的常用表示方法如图 8-6 所示。

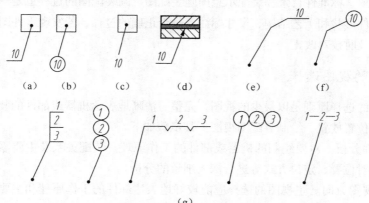

图 8-6　装配图中序号的常用表示方法

编号要点如下。

① 指引线从零、组件可见轮廓内（画一小黑点）引出，互不相交，如图 8-6（a）、图 8-6（b）、

图 8-6（c）所示。若不便在零件轮廓内画出小黑点，可用箭头代替，箭头指在该零件轮廓线上，如图 8-6（d）所示。

② 指引线不与轮廓线或剖面线平行，必要时可转折一次，如图 8-6（e）、（f）所示。

③ 对一组紧固件或装配关系清楚的零件组，可共用一条指引线，如图 8-6（g）所示。

④ 序号的数字注写在指引线末端的水平线上或圆圈内，数字高比图中所注尺寸数字大 1 号或 2 号。

⑤ 序号应按顺时针或逆时针方向在整组图形外围整齐排列，并尽量使序号间隔相等。

2. 明细栏

明细栏应列出该部件的全部零件的详细目录，其内容和格式详见国家标准《技术制图 明细栏》（GB/T 10609.2—2009）的规定。明细栏一般绘制在标题栏的上方，零件序号由下而上填写，且必须与装配图中的序号一致。当位置不够时，可将部分表格移至标题栏左侧。学生制图作业多用简易明细栏，格式如图 8-7 所示。

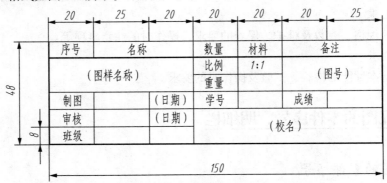

图 8-7　简易明细栏格式

五、画装配图

根据零件草图、标准件目录和装配示意图画装配图。画装配图的过程也是一次检验、校对所绘零件图中的零件形状和工艺结构、尺寸标注等是否正确的过程，若发现零件图上有错误和不合适的地方，可以及时校对改正。

1. 装配图的视图选择

装配图视图的选择原则是以最少的视图，完整、清晰地表达机器或部件的装配关系和工作原理，尽量以工作位置放置、绘制装配图视图。其步骤如下。

① 进行部件分析。对要绘制的机器或部件的工作原理、装配关系及主要零件的形式，零件与零件之间的相对位置、定位方式等进行深入细致的分析。

② 确定主视图方向。主视图的选择应能较好地表达部件的工作原理和主要装配关系，并尽可能按工作位置放置，使主要装配轴线处于水平或垂直位置。

③ 确定其他视图。针对主视图还没有表达清楚的装配关系和零件间的相对位置，选用其他视图进行补充表达。

2. 确定比例和图幅

根据视图数目和大小及各视图间留出的空间，注意要考虑装配图上尺寸标注和编写序号的工作空间，确定绘图比例和图幅大小。图幅右下角应有足够的位置画标题栏、明细栏和注写技术要求。

3. 画图步骤

① 图面布局。画出图框，定出标题栏和明细栏位置。画出各视图的主要作图基准线，例如装配体的主要轴线、对称中心线、主要零件上的重要平面或重要端面。

② 画出各视图底稿。一般从主视图画起，依次画主要零件和较大零件的轮廓，再画出次要零件和细小结构。取剖视部分应直接画成剖开的形状，还应正确地表示装配工艺结构、轴向定位。

③ 校核，描深，画剖面线。

④ 标注尺寸、配合代号及技术要求。

⑤ 编注序号，填写明细栏、标题栏。

图 8-8 所示为画滑动轴承装配图的步骤。

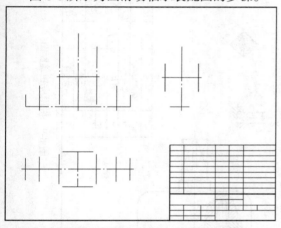

（a）画出图框、标题栏、明细栏、中心线及基准线

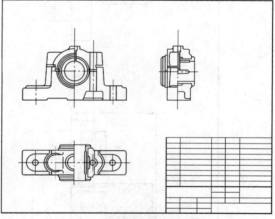

（b）画出各视图主要部分的底稿

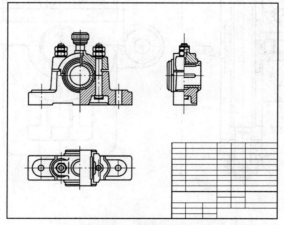

（c）画出次要零件、小零件及各部分细节，描深

图 8-8 画滑动轴承装配图的步骤

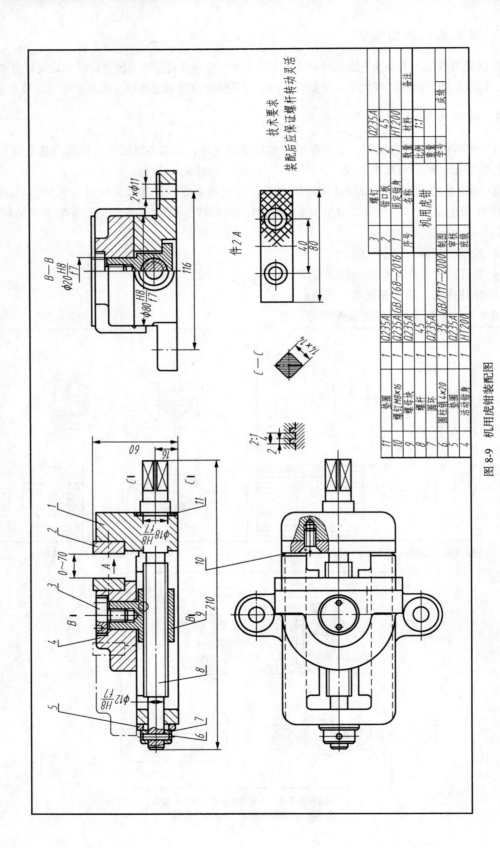

图 8-9 机用虎钳装配图

六、读装配图

读装配图的目的是了解装配体的规格、性能、工作原理，各零件之间的相互位置、装配关系、传动方式以及各零件的主要结构特征等。在装配机器或部件时、维护和保养机器或部件时，都需要读懂装配图。下面以图 8-9 所示机用虎钳装配图为例，说明读装配图的方法和步骤。

1. 概括了解

读图前，先从以下几个方面对装配图做概要了解。

① 从标题栏和明细栏入手，了解机器或部件的名称、用途等。从标题栏可以看出，部件名称为机用虎钳，主要用于夹紧工件。

② 仔细阅读技术要求和使用说明书，为深入了解机用虎钳做好准备。

③ 由明细栏可看出，机用虎钳由 11 种零件组成，其中标准件两种，属于中等复杂程度的装配体。

④ 由总体尺寸可知，该部件体积不大。

2. 分析视图，明确各视图表达的重点

机用虎钳装配图中采用了 3 个基本视图和零件 2 的 A 向视图，一个局部放大图，一个移出断面图。

① 主视图为剖切面过对称平面的全剖视图，剖切平面通过部件的主要装配干线——螺杆轴线，表达了部件的工作原理、装配关系以及各主要零件的用途和结构特征。

② 俯视图中采用了完整俯视图与螺钉局部剖视图的画法，清楚地反映了固定钳身的结构形状和螺杆与螺母的连接关系。

> 视图中的局部剖视图表达了用螺钉连接钳口板与固定钳身的情况。

③ 左视图采用半剖视图，其剖切位置通过螺母的轴线，反映了固定钳身、活动钳身、螺母及螺杆之间的接触配合情况。

④ "件 2 *A*"表示了钳口板上螺钉孔的位置及防滑网纹，局部放大图表示了螺杆的牙型，移出断面图表示了螺杆头部的方形断面。

3. 分析零件，进一步了解工作原理和装配关系

分析零件的目的是要搞清楚每个零件的结构形状和相互关系，要点如下。

① 相邻零件可根据剖面线来区分。

② 标准件和常用件因其结构和作用都已清楚，所以很容易区分。

③ 对于一般件，可由配合代号了解零件间的配合关系，由序号和明细栏了解零件的名称、数量、材料、规格等。

本例中，固定钳身是各零件的装配基础，螺母块 9 与活动钳身用螺钉 3 连接在一起，螺母与螺杆旋合。螺杆支承在固定钳身孔内，并采用了基孔制间隙配合。因为两端均被固定（左端圆环 7 通过销 6 与螺杆固定，右端用垫圈与轴肩实现轴向固定），所以当螺杆转动时，螺母与活动钳身

一起做轴向移动，从而实现夹紧工件的目的。

图8-10所示为机用虎钳的装配直观图及示意图。

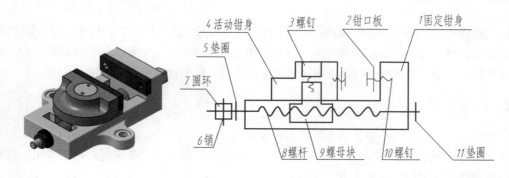

（a）直观图 （b）示意图

图8-10　机用虎钳装配直观图及示意图

4. 分析拆装顺序

机用虎钳的拆卸顺序为：拆下圆柱销6→取下圆环7、垫圈5→旋出螺杆8→取下垫圈11→旋出螺钉3→取下螺母块9→卸下活动钳身4→拆下固定钳身1和活动钳身上的钳口板2。机用虎钳分解图如图8-11所示。

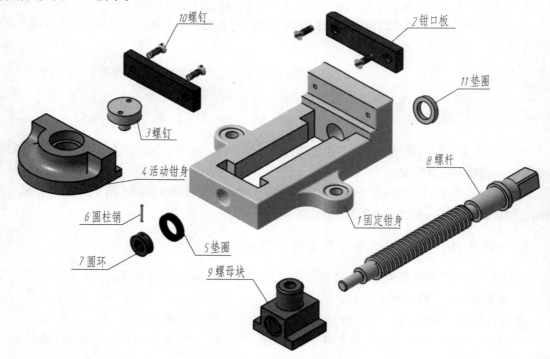

图8-11　机用虎钳分解图

装配顺序与拆卸顺序相反，具体为先把钳口板2通过螺钉固定在活动钳身4和固定钳身的护口槽上，然后把活动钳身4装入固定钳身1，把螺母块9装入活动钳身4的孔中，旋入螺钉3。

把垫圈 11 套在螺杆轴肩处，把螺杆 8 装入固定钳身 1 的孔中，同时使螺杆 8 与螺母块 9 旋合，然后装入垫圈 5、圆环 7，装入圆柱销 6。

模块二　用 AutoCAD 绘制装配图

利用 AutoCAD 绘制装配图是一件非常复杂的工作。使用 AutoCAD 绘制装配图主要有两种方法。

一、直接绘制法

对于一些比较简单的装配图，可以直接利用 AutoCAD 的二维绘图工具、编辑工具，按照手工绘制装配图的绘图步骤将其绘制出来，这种方法与绘制零件图的顺序类似。在绘制过程中，要充分利用"对象捕捉""正交"等绘图辅助工具以提高绘图的准确性，并通过对象追踪和构造线来保证视图间的投影关系。在绘图时还要注意，应当将不同的零件绘制在不同的图层上，以便关闭或冻结某些图层，简化图形。这样的绘图方法需要仔细观察和较强的工作空间思维能力。

二、拼装绘图法

拼装绘图法又分为复制-粘贴和插入块两种常用的方法。

1.用复制-粘贴法绘制装配图

这种方法是先绘制出装配图中各个零件的零件图，再将所有零件图复制-粘贴进一个新的空白文件，按零件间的相对位置关系修改粘贴后的装配图，删掉多余的线段，补画漏掉的线段。

2. 用插入块的方法绘制装配图

这种方法是先绘制出装配图中各个零件的零件图，不标注尺寸，然后将零件图定义为图块文件或者附属图块，再用插入图块的方式按照零件间的相对位置将具体的零件图插入装配图中。图块插入后再将图块分解打散，按照装配关系修改装配图。

在绘制一张装配图时，拼装绘图法的这两种方法有时会同时被用到。拼装绘图法的关键是恰当、合理地选择插入图形的基点，修剪相互干涉和多余的线条。这种思路方法不易出错，更容易理解装配图的原理，是绘制装配图时优先采用的方法。

三、AutoCAD 绘制装配图实例

牵引拉杆组件为传递车体与转向架间的纵向载荷的主要承载构件，在车体枕梁中央安装了中央牵引拉杆座，通过单牵引拉杆与转向架构架连接。图 8-12 所示为某铁路车辆转向架的三维图。牵引拉杆组件的立体图和零件分解图如图 8-13、图 8-14 所示。图 8-15 所示为牵引拉杆组件中各非标准件零件的零件图，通过形体分析，该部件是由 9 种 26 个零件组成的。其中有 3 种零件是标准件，可以调用公共图块。另外的 6 种零件中内夹板、橡胶垫和外夹板组装在一起使用，共有四套。

图 8-12   某铁路车辆转向架的三维图

图 8-13   转向架中牵引拉杆组件的立体图

图 8-14   牵引拉杆组件的分解图

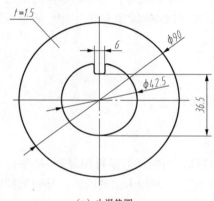

（a）止退垫圈

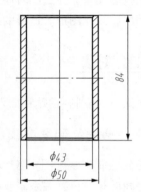

（b）隔套

（c）外夹板

（d）内夹板

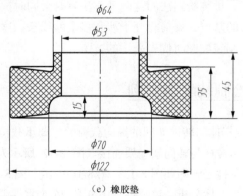

（e）橡胶垫

图 8-15   牵引拉杆组件非标准件零件图

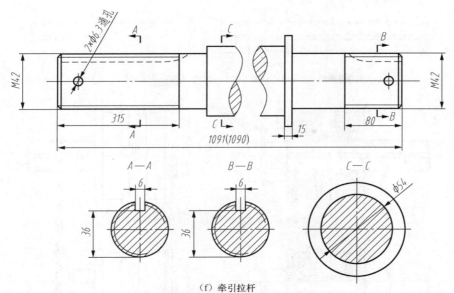

（f）牵引拉杆

图 8-15　牵引拉杆组件非标准件零件图（续）

　　现以牵引拉杆组件装配图为例，介绍用 AutoCAD 绘制装配图的方法和步骤。

　　① 第一步：如图 8-16（a）所示，分别复制图 8-15（c）外夹板零件图、图 8-15（d）内夹板零件图和图 8-15（e）橡胶垫零件图，在新的图样中进行粘贴，完成图 8-16（a）（注意：要先将零件图中的尺寸图层关闭后，再复制零件图）。

　　② 第二步：复制图 8-15（f）牵引拉杆的零件图、图 8-15（a）止退垫圈的零件图，再调用螺栓标准件 M42（GB/T 6170—2015、GB/T 6172—2016）的公共图块，完成图 8-16（b）。

　　③ 第三步：如图 8-16（c）所示，复制第一步中的拼装好的内夹板、橡胶垫和外夹板（共四套）、隔套 2 个，其中左侧部分画出剖视图，粘贴到第二步完成的图 8-16（b）上。

　　④ 第四步：调用螺栓标准件 M42（GB/T 6170—2015、GB/T 6172—2016）的公共图块，完成图 8-16（d）。

　　⑤ 第五步：再调用开口销标准件（GB/T 91—2000）的公共图块，修改视图中多余的图线，完成图 8-16（e）。

　　⑥ 第六步：标注相关尺寸、技术要求，编写零件序号，在明细栏列出该部件的全部零件的详细目录，完成图 8-16（f）所示牵引拉杆组件的装配图。

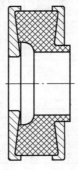

（a）组装内夹板、橡胶垫和外夹板（共四套）

图 8-16　牵引拉杆组件的装配图的绘图步骤

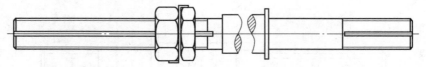

（b）安装止退垫圈、M42螺母（GB/T 6170—2015、GB/T 6172—2016）各 1 个

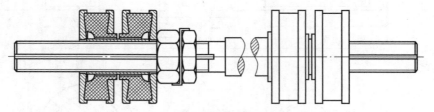

（c）组装内夹板、橡胶垫和外夹板（共四套）、隔套 2 个

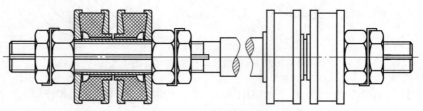

（d）安装止退垫圈、M42螺母（GB/T 6170—2015、GB/T 6172—2016）各 2 个

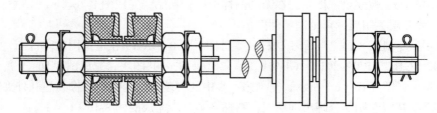

（e）安装开口销（GB/T 91—2000）2 个

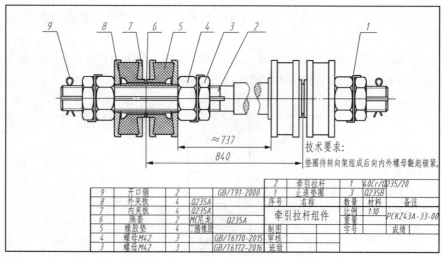

技术要求：
垫圈待向转架组成后向内外螺母翻起锁紧。

2	牵引拉杆	1	40Cr/Q235/20	
1	止退垫圈	3	Q235B	
9	开口销	2	GB/T91-2000	序号	名称	数量	材料	备注
8	外夹板	4	Q235A					
7	内夹板	4	Q235A				比例	1:10
6	隔套	2	MC尼龙	Q235A	牵引拉杆组件		重量	PCKZ43A-33-00
5	橡胶垫	4	腊橡胶	制图			字号	成绩
4	螺母M42	3	GB/T6170-2015	审核				
3	螺母M42	3	GB/T6172-2016	班级				

（f）完成装配图

图 8-16　牵引拉杆组件的装配图的绘图步骤（续）

附表 1　　　普通螺纹直径与螺距（GB/T 193—2003、GB/T 196—2003）　　　（单位：mm）

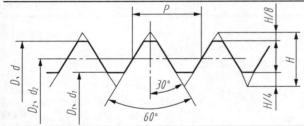

标记示例

　　公称直径 24mm、螺距 3mm、右旋粗牙普通螺纹，其标记为：M24

　　公称直径 24mm、螺距 1.5mm、左旋细牙普通螺纹，公差代号 7H，其标记为：M24×1.5LH

公称直径 D, d		螺距 P		粗牙螺纹中径	粗牙螺纹小径
第一系列	第二系列	粗 牙	细 牙	D_2, d_2	D_1, d_1
3		0.5	0.35	2.675	2.459
	3.5	0.6		3.110	2.850
4		0.7		3.545	3.242
	4.5	0.75	0.5	4.013	3.688
5		0.8		4.480	4.134
6		1	0.75	5.350	4.917
8		1.25	1, 0.75	7.188	6.647
10		1.5	1.25, 1, 0.75	9.026	8.376
12		1.75	1.5, 1.25, 1	10.863	10.106
	14	2	1.5, 1	12.701	11.835
16		2	1.5, 1	14.701	13.835
	18	2.5	2, 1.5, 1	16.376	15.294
20		2		18.376	17.294
	22	2.5	2, 1.5, 1	20.376	19.294
24		3	2, 1.5, 1	22.051	20.752
	27	3	2, 1.5, 1	25.051	23.752
30		3.5	(3), 2, 1.5, 1	27.727	26.211

续表

公称直径 D，d		螺距 P		粗牙螺纹中径 D_2，d_2	粗牙螺纹小径 D_1，d_1
第一系列	第二系列	粗 牙	细 牙		
	33	3.5	(3), 2, 1.5	30.727	29.211
36		4	3,2,1.5	33.402	31.670
	39	4		36.402	34.670
42		4.5	4, 3, 2, 1.5	39.077	37.129
	45	4.5		42.077	40.129
48		5		44.752	42.587
	52	5		48.752	46.587
56		5.5	4, 3, 2, 1.5	52.428	50.046
	60	5.5		56.428	54.046
64		6		60.103	57.505
	68	6		64.103	61.505

注：1. 公称直径优先选用第一系列，第三系列未列出（尽可能不用），括号内的尽可能不用。

2. M14×1.25 仅用于火花塞。

附表 2　　C 级六角头螺栓（摘自 GB/T 5780—2016）和全螺纹六角头螺栓（GB/T 5781—2016）

（单位：mm）

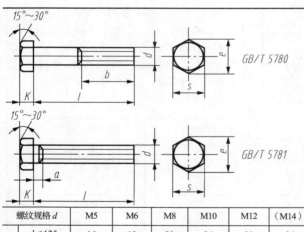

标记示例

螺纹规格 d=M12、公称长度 l=80mm、性能等级为 4.8 级、不经表面处理、C 级六角头螺栓，标记为

螺栓　GB/T 5780　M12×80

螺纹规格 d		M5	M6	M8	M10	M12	(M14)	M16	(M18)	M20	(M22)	M24	(M27)
b	l≤125	16	18	22	26	30	34	38	42	46	50	54	60
	125<l≤200	22	24	28	32	36	40	44	48	52	56	60	66
	l>200	35	37	41	45	49	53	57	61	65	69	73	79
a　max		2.4	3	4	4.5	5.3	6	6	7.5	7.5	7.5	9	9
e　min		8.63	10.89	14.2	17.59	19.85	22.78	26.17	29.56	32.95	37.29	39.55	45.2
K（公称）		3.5	4	5.3	6.4	7.5	8.8	10	11.5	12.5	14	15	17
s	max	8	10	13	16	18	21	24	27	30	34	36	41
	min	7.64	9.64	12.57	15.57	17.57	20.16	23.16	26.19	29.16	33	35	40
l[①]	GB/T 5780	25～50	30～60	40～80	45～100	55～120	60～140	65～160	80～180	65～200	90～220	100～240	110～260
	GB/T 5781	10～50	12～60	16～80	20～100	25～180	30～140	30～160	35～180	40～200	45～220	50～240	55～280
性能等级	钢	4.6,4.8											
表面处理	钢	①不经处理；②电镀；③非电解锌片涂层											

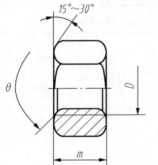
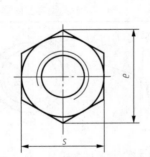

续表

螺纹规格 d		M30	（M33）	M36	（M39）	M42	（M45）	M48	（M52）	M56	（M60）	M64
b	l≤125	66	72									
	125<l≤200	72	78	84	90	96	102	108	116		132	
	l>200	85	91	97	103	109	115	121	129	137	145	153
a	max	10.5	10.5	12	12	13.5	13.5	15	15	16.5	16.5	18
e	mim	50.85	55.37	60.79	66.44	72.02	76.95	82.6	88.25	93.56	99.21	104.86
K（公称）		18.7	21	22.5	25	26	28	30	33	35	38	40
s	max	46	50	55	60	65	70	75	80	85	90	95
	mim	45	49	53.8	58.8	63.8	68.1	73.1	78.1	82.8	87.8	92.8
$l^{①}$	GB/T 5780	120～300	130～320	140～360	150～400	180～420	180～440	200～480	200～500	240～500	240～500	260～500
$l^{①}$	GB/T 5781	60～300	65～360	70～360	80～400	80～420	90～440	100～480	100～500	110～500	120～500	120～500
性能等级	钢	4.6、4.8					按协议					
表面处理	钢	①不经处理；②电镀；③非电解锌片涂层										

注：尽可能不采用括号的规格。

① 长度系列（单位为 mm）：10、12、16、20~70（5 进位）、70~150（10 进位）、180~500（20 进位）。

附表 3	六角螺母	（单位：mm）

1 型六角螺母—C 级（GB/T 41—2016）　　　1 型六角螺母（GB/T 6170—2015）　　　六角螺母（GB/T 6172.1—2016）

	标记示例	标记示例	标记示例
	螺纹规格 D=M12	螺纹规格 D=M12	螺纹规格 D=M12
	C 级的 1 型六角螺母	A 级的 1 型六角螺母	A 级六角螺母
	螺母 GB/T 41　M12	螺母 GB/T 6170　M12	螺母 GB/T6172.1　M12

螺纹规格 D		M3	M4	M5	M6	M8	M10	M12	M16	M20	M24	M30	M36
e_{mim}	GB/T 41			8.63	10.89	14.20	17.59	19.85	26.17	32.95	39.55	50.85	60.79
	GB/T 6170	6.01	7.66	8.79	11.05	14.38	17.77	20.03	26.75	32.95	39.55	50.85	60.79
	GB/T 6172.1	6.01	7.66	8.79	11.05	14.38	17.77	20.03	26.75	32.95	39.55	50.85	60.79
s_{max}	GB/T 41			8	10	13	16	18	24	30	36	46	55
	GB/T 6170	5.5	7	8	10	13	16	18	24	30	36	46	55

续表

s_{max}	GB/T 6172.1	5.5	7	8	10	13	16	18	24	30	36	46	55
m_{max}	GB/T 41			5.6	6.4	7.9	9.5	12.2	15.9	19	22.3	26.4	31.9
	GB/T 6170	2.4	3.2	4.7	5.2	6.8	8.4	10.8	14.8	18	21.5	25.6	31
	GB/T 6172.1	1.8	2.2	2.7	3.2	4	5	6	8	10	12	15	18

注：1. A 级用于 $D \leqslant 16$；B 级用于 $D > 16$。

2. 对于 GB/T 41—2016，允许内倒角；对于 GB/T 6170，$\theta=90° \sim 120°$；对于 GB/T 6172，$\theta=110° \sim 120°$。

附表4　　　　　　　　　　　平垫圈　　　　　　　　　　　（单位：mm）

平垫圈—A 级（GB/T 97.1—2002）、平垫圈倒角型—A 级（GB/T 97.2—2002）

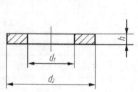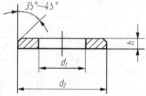

标记示例

标准系列、公称尺寸 d=8mm、性能等级为 140HV 级、不经表面处理的平垫圈：

垫圈　GB/T 97.1—2002　8—140HV

规格（螺纹直径）	2	2.5	3	4	5	6	8	10	12	14	16	20	24	30
内径 d_1	2.2	2.7	3.2	4.3	5.3	6.4	8.4	10.5	13	15	17	21	25	31
外径 d_2	5	6	7	9	10	12	16	20	24	28	30	37	44	56
厚度 h	0.3	0.5	0.8	1	1.6	1.6	2	2.5	2.5	3	3	4	4	

附表5　　　　　　　　标准型弹簧垫圈（摘自 GB/T 93—1987）

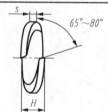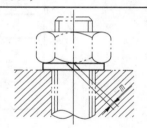

标记示例：

垫圈 GB/T93—1987 16

规格 16mm，材料为 65Mn、表面氧化的标准型弹簧垫圈。

（单位：mm）

规格（螺纹大径）		4	5	6	8	10	12	16	20	24	30
d	min	4.1	5.1	6.1	8.1	10.2	12.2	16.2	20.2	24.5	30.5
	max	4.4	5.4	6.68	8.68	10.9	12.9	16.9	21.04	25.5	31.5
s、b	公称	1.1	1.3	1.6	2.1	2.6	3.1	4.1	5	6	7.5
	min	1	1.2	1.5	2	2.45	2.95	3.9	4.8	5.8	7.2
	max	1.2	1.4	1.7	2.2	2.75	3.25	4.3	5.2	6.2	7.8
H	min	2.2	2.6	3.2	4.2	5.2	6.2	8.2	10	12	15
	max	2.75	3.25	4	5.25	6.5	7.75	10.25	12.5	15	18.75
m（$\leqslant$）		0.55	0.65	0.8	1.05	1.3	1.55	2.05	2.5	3	3.75

附表 6   双头螺柱   （单位：mm）

$b_m=1d$（GB/T 897—1988）$b_m=1.25d$（GB/T 898—1988）$b_m=1.5d$（GB/T 899—1988）$b_m=2d$（GB/T 900—1988）

A 型	B 型
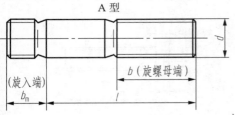	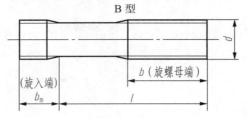

标记示例：

螺柱 GB/T 900—1988 M10×50（两端均为粗牙普通螺纹、d=M10、l=50mm、性能等级为 4.8 级、不经表面
处理、B 型、$b_m=2d$ 的双头螺柱）

螺柱 GB/T 900—1988 AM10-10×1×50（旋入机体一端为粗牙普通螺纹、旋螺母端为螺距 P=1mm 的细牙普
通螺纹、d=M10、l=50mm、性能等级为 4.8 级、不经表面处理、A 型、$b_m=2d$ 的双头螺柱）

螺纹规格 d	b_m（旋入机体端长度）				l(螺柱长度) b（旋螺母端长度）				
	GB/T 897	GB/T 898	GB/T 899	GB/T 900					
M4	—	—	6	8	$\frac{16\sim22}{8}$	$\frac{25\sim40}{14}$			
M5	5	6	8	10	$\frac{16\sim22}{10}$	$\frac{25\sim50}{16}$			
M6	6	8	10	12	$\frac{20\sim22}{10}$	$\frac{25\sim30}{14}$	$\frac{32\sim75}{18}$		
M8	8	10	12	16	$\frac{20\sim22}{12}$	$\frac{25\sim30}{16}$	$\frac{32\sim90}{22}$		
M10	10	12	15	20	$\frac{25\sim28}{14}$	$\frac{30\sim38}{16}$	$\frac{40\sim120}{26}$	$\frac{130}{32}$	
M12	12	15	18	24	$\frac{25\sim30}{16}$	$\frac{32\sim40}{20}$	$\frac{45\sim120}{30}$	$\frac{130\sim180}{36}$	
M16	16	20	24	32	$\frac{30\sim38}{20}$	$\frac{40\sim55}{30}$	$\frac{60\sim120}{38}$	$\frac{130\sim200}{44}$	
M20	20	25	30	40	$\frac{35\sim40}{25}$	$\frac{45\sim65}{35}$	$\frac{70\sim120}{46}$	$\frac{130\sim200}{52}$	
M24	24	30	36	48	$\frac{45\sim50}{30}$	$\frac{55\sim75}{45}$	$\frac{80\sim120}{54}$	$\frac{130\sim200}{60}$	
M30	30	38	45	60	$\frac{60\sim65}{40}$	$\frac{70\sim90}{50}$	$\frac{95\sim120}{66}$	$\frac{130\sim200}{72}$	$\frac{210\sim250}{85}$
M36	36	45	54	72	$\frac{65\sim75}{45}$	$\frac{80\sim110}{60}$	$\frac{120}{78}$	$\frac{130\sim200}{84}$	$\frac{210\sim300}{97}$
M42	42	52	63	84	$\frac{70\sim80}{50}$	$\frac{85\sim110}{70}$	$\frac{120}{90}$	$\frac{130\sim200}{96}$	$\frac{210\sim300}{109}$
M48	48	60	72	96	$\frac{80\sim90}{60}$	$\frac{95\sim110}{80}$	$\frac{120}{102}$	$\frac{130\sim200}{108}$	$\frac{210\sim300}{121}$
$l_{公称}$	12、（14）、16、（18）、20、（22）、25、（28）、30、（32）、35、（38）、40、45、50、（55）、60、（65）、70、75、80、85、90、95、100～260（10 进位）、280、300								

注： 1. 尽可能不采用括号内的规格。末端按 GB/T 2—2016 规定。

2. $b_m=1d$，一般用于钢对钢；$b_m=(1.25\sim1.5)d$，一般用于钢对铸铁；$b_m=2d$，一般用于钢对铝合金。

机械制图与CAD（AR版）（附微课视频）

附表7　　　　　　　　　　　　　　　　螺钉

（单位：mm）

开槽圆柱头螺钉（GB/T 65—2016）

开槽盘头螺钉（GB/T 67—2016）

开槽沉头螺钉（GB/T 68—2016）

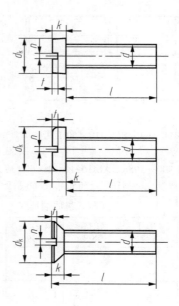

标记示例：

螺钉　GB/T 65—2016　M5×20（螺纹规格 d=M5、l=20mm、性能等级为 4.8 级、不经表面处理的开槽圆柱头螺钉）

螺纹规格 d		M 1.6	M2	M2.5	M3	（M3.5）	M4	M5	M6	M8	M10
n 公称		0.4	0.5	0.6	0.8	1	1.2	1.2	1.6	2	2.5
GB/T 65	d_k max	3	3.8	4.5	5.5	6	7	8.5	10	13	16
	k max	1.1	1.4	1.8	2	2.4	2.6	3.3	3.9	5	6
	t min	0.45	0.6	0.7	0.85	1	1.1	1.3	1.6	2	2.4
	l 范围	2～16	3～20	3～25	4～30	5～35	5～40	6～50	8～60	10～80	12～80
GB/T 67	d_k max	3.2	4	5	5.6	7	8	9.5	12	16	20
	k max	1	1.3	1.5	1.8	2.1	2.4	3	3.6	4.8	6
	t min	0.35	0.5	0.6	0.7	0.8	1	1.2	1.4	1.9	2.4
	l 范围	2～16	2.5～20	3～25	4～30	5～35	5～40	6～50	8～60	10～80	12～80
GB/T 68	d_k max	3	3.8	4.7	5.5	7.3	8.4	9.3	11.3	15.8	18.3
	k max	1	1.2	1.5	1.65	2.35	2.7	2.7	3.3	4.65	5
	t min	0.32	0.4	0.5	0.6	0.9	1	1.1	1.2	1.8	2
	l 范围	2.5～16	3～20	4～25	5～30	6～35	6～40	8～50	8～60	10～80	12～80
l 系列		2、2.5、3、4、5、6、8、10、12、（14）、16、20、25、30、35、40、45、50、（55）、60、（65）、70、（75）、80									

注：1. 尽可能不采用括号内的规格。

2. 商品规格 M1.6～M10。

206

附表 8　开槽锥端定位螺钉（摘自 GB/T72—1988）、开槽圆柱端定位螺钉（摘自 GB/T 829—1988）

（单位：mm）

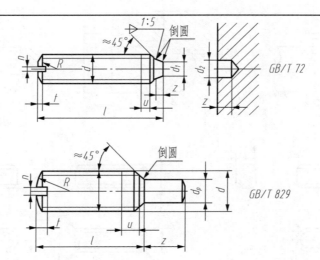

标记示例

螺纹规格 d=M10、公称长度 l=20mm、性能能级为 14H 级、不经表面处理的开槽锥端定位螺钉标记为

螺钉 GB/T　72　M10×20

螺纹规格 d=M5、公称长度 l=10mm、长度 z=5mm、性能等级为 14H 级、不经表面处理的开槽圆柱端定位螺钉标记为

螺钉 GB/T　829　M5×10×5

螺纹规格 d			M1.6	M2	M2.5	M3	M4	M5	M6	M8	M10	M12
$d_{p\ max}$			0.8	1	1.5	2	2.5	3.5	4	5.5	7.0	8.5
n 公称			0.25			0.4	0.6	0.8	1	1.2	1.6	2
l_{max}			0.74	0.84	0.95	1.05	1.42	1.63	2	2.5	3	3.6
$R≈$			1.6	2	2.5	3	4	5	6	8	10	12
$d_1≈$			—			1.7	2.1	2.5	3.4	4.7	6	7.3
d_2（推荐）			—			1.8	2.2	2.5	3.5	5	6.5	8
z	GB/T 72		—			1.5	2	2.5	3	4	5	6
	GB/T829	范围	1～1.5	1～2	1.2～2.5	1.5～3	2～4	2.5～5	3～6	4～8	5～10	—
		系列	1、1.2、1.5、2、2.5、3、4、5、6、8、10									
l[①]长度 范围	GB/T72					4～16	4～20	5～20	6～25	8～35	10～45	12～50
	GB/T829		1.5～3	1.5～4	2～5	2.5～6	3～8	4～10	5～12	6～16	8～20	—
性能等级	钢		14H、33H									
	不锈钢		A1-50、C4-50									
表面处理	钢		1）不经处理；2）氧化（仅用于 GB/T72）；3）镀锌钝化									
	不锈钢		不经处理									

注：尽可能不采用括号内规格。

① 长度系列（单位为 mm）；1.5、2、2.5、3、4、5、6~12（2 进位）、（14）、16、20~50（5 进位）。

附表9　　　平键及键槽各部尺寸（摘自GB/T 1095—2003、GB/T 1096—2003）　　　（单位：mm）

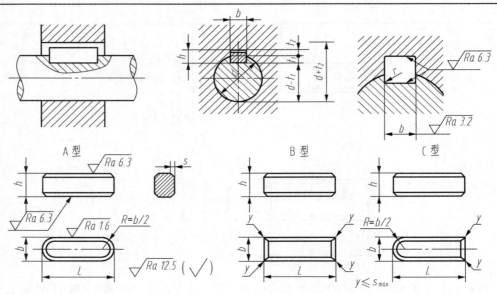

标记示例：

GB/T 1096—2003　键 16×10×100（普通 A 型平键，b=16 mm、h=10 mm、L=100 mm）

GB/T 1096—2003　键 B16×10×100（普通 B 型平键，b=16 mm、h=10 mm、L=100 mm）

GB/T 1096—2003　键 C16×10×100（普通 C 型平键，b=16 mm、h=10 mm、L=100 mm）

轴	键		键					槽					
				宽　度 b					深　度			半径 r	
			基本尺寸 b	极　限　偏　差					轴 t_1		毂 t_2		
基本直径 d	键尺寸 $b \times h$	标准长度范围 L		正常连接		紧密连接	松连接		基本尺寸	极限偏差	基本尺寸	极限偏差	最小	最大
				轴 N9	毂 JS9	轴和毂 P9	轴 H9	毂 D10						
>10~12	4×4	8~45	4	0 −0.030	± 0.015	−0.012 −0.042	+0.030 0	+0.078 +0.030	2.5	+0.1 0	1.8	+0.1 0	0.08	0.16
>12~17	5×5	10~56	5						3.0		2.3		0.16	0.25
>17~22	6×6	14~70	6						3.5		2.8			
>22~30	8×7	18~90	8	0 −0.036	± 0.018	−0.015 −0.051	+0.036 0	+0.098 +0.040	4.0		3.3	+0.2 0		
>30~38	10×8	22~110	10						5.0		3.3			
>38~44	12×8	28~140	12						5.0	+0.2 0	3.3		0.25	0.40
>44~50	14×9	36~160	14	0 −0.043	± 0.0215	−0.018 −0.061	+0.043 0	+0.120 +0.050	5.5		3.8			
>50~58	16×10	45~180	16						6.0		4.3			
>58~65	18×11	50~200	18						7.0		4.4			
>65~75	20×12	56~220	20						7.5		4.9			
>75~85	22×14	63~250	22	0 −0.052	± 0.026	−0.022 −0.074	+0.052 0	+0.149 +0.065	9.0	+0.2 0	5.4	+0.2 0	0.40	0.40
>85~95	25×14	70~280	25						9.0		5.4			
>95~110	28×16	80~320	28						10		6.4			
L 系列	6~22（2进位）、25、28、32、36、40、45、50、56、63、70~110（10进位）、125、140~220（20进位）、250、280、320、360、400、450、500													

附表 10　　　　圆柱销　不淬硬钢和奥氏体不锈钢（摘自 GB/T 119.1—2000）　　　　（单位：mm）

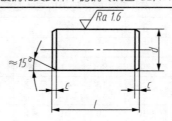

标记示例：

销　GB/T 119.1—2000 10 m6×90（公称直径 d=10 mm、公差为 m6、公称长度 l=90 mm、材料为钢、不经表面处理的圆柱销）

销　GB/T 119.1—2000 10 m6×90-A1（公称直径 d=10 mm、公差为 m6、公称长度 l=90 mm、材料为 A1 组奥氏体不锈钢、表面简单处理的圆柱销）

$d_{公称}$	2	2.5	3	4	5	6	8	10	12	16	20	25
$c\approx$	0.35	0.4	0.5	0.63	0.8	1.2	1.6	2.0	2.5	3.0	3.5	4.0
$l_{范围}$	6～20	6～24	8～30	8～40	10～50	12～60	14～80	18～95	22～140	26～180	35～200	50～200
$l_{公称}$	2、3、4、5、6～32（2 进位）、35～100（5 进位）、120～200（20 进位）（公称长度大于 200，按 20 递增）											

附表11　　　　　　　　　　优先及常用配合轴的极限偏差

代号		a	b	c	d	e	f	g	h					
公称尺寸/mm		公差												
大于	至	11	11	*11	*9	8	*7	6	5	6	*7	8	*9	10
—	3	−270 −330	−140 −200	−60 −120	−20 −45	−14 −28	−6 −16	−2 −8	0 −4	0 −6	0 −10	0 −14	0 −25	0 −40
3	6	−270 −345	−140 −215	−70 −145	−30 −60	−20 −38	−10 −22	−4 −12	0 −5	0 −8	0 −12	0 −18	0 −30	0 −48
6	10	−280 −338	−150 −240	−85 −170	−40 −76	−25 −47	−13 −28	−5 −14	0 −6	0 −9	0 −15	0 −22	0 −36	0 −58
10	14	−290 −400	−150 −260	−95 −205	−50 −93	−32 −59	−16 −34	−6 −17	0 −8	0 −11	0 −18	0 −27	0 −43	0 −70
14	18	−290 −400	−150 −260	−95 −205	−50 −93	−32 −59	−16 −34	−6 −17	0 −8	0 −11	0 −18	0 −27	0 −43	0 −70
18	24	−300 −430	−160 −290	−110 −240	−65 −117	−40 −73	−20 −41	−7 −20	0 −11	0 −13	0 −21	0 −33	0 −52	0 −84
24	30	−300 −430	−160 −290	−110 −240	−65 −117	−40 −73	−20 −41	−7 −20	0 −11	0 −13	0 −21	0 −33	0 −52	0 −84
30	40	−310 −470	−170 −330	−120 −280	−80 −142	−50 −89	−25 −50	−9 −25	0 −11	0 −16	0 −25	0 −39	0 −62	0 −100
40	50	−320 −480	−180 −340	−130 −290	−80 −142	−50 −89	−25 −50	−9 −25	0 −11	0 −16	0 −25	0 −39	0 −62	0 −100
50	65	−340 −530	−190 −380	−140 −330	−100 −174	−60 −106	−30 −60	−10 −29	0 −13	0 −19	0 −30	0 −46	0 −74	0 −120
65	80	−360 −550	−200 −390	−150 −340	−100 −174	−60 −106	−30 −60	−10 −29	0 −13	0 −19	0 −30	0 −46	0 −74	0 −120
80	100	−380 −600	−220 −440	−170 −390	−120 −207	−72 −126	−36 −71	−12 −34	0 −15	0 −22	0 −35	0 −54	0 −87	0 −140
100	120	−410 −630	−240 −460	−180 −400	−120 −207	−72 −126	−36 −71	−12 −34	0 −15	0 −22	0 −35	0 −54	0 −87	0 −140
120	140	−460 −710	−260 −510	−200 −450	−145 −245	−85 −148	−43 −83	−14 −39	0 −18	0 −25	0 −40	0 −63	0 −100	0 −160
140	160	−520 −770	−280 −530	−210 −460	−145 −245	−85 −148	−43 −83	−14 −39	0 −18	0 −25	0 −40	0 −63	0 −100	0 −160
160	180	−580 −830	−310 −560	−230 −480	−145 −245	−85 −148	−43 −83	−14 −39	0 −18	0 −25	0 −40	0 −63	0 −100	0 −160
180	200	−660 −950	−340 −630	−240 −530	−170 −285	−100 −172	−50 −96	−15 −44	0 −20	0 −29	0 −46	0 −72	0 −115	0 −185
200	225	−740 −1030	−380 −670	−260 −550	−170 −285	−100 −172	−50 −96	−15 −44	0 −20	0 −29	0 −46	0 −72	0 −115	0 −185
225	250	−820 −1110	−420 −710	−280 −570	−170 −285	−100 −172	−50 −96	−15 −44	0 −20	0 −29	0 −46	0 −72	0 −115	0 −185
250	280	−920 −1240	−480 −800	−300 −620	−190 −320	−110 −191	−56 −108	−17 −49	0 −23	0 −32	0 −52	0 −81	0 −130	0 −210
280	315	−1050 −1370	−540 −860	−330 −650	−190 −320	−110 −191	−56 −108	−17 −49	0 −23	0 −32	0 −52	0 −81	0 −130	0 −210
315	355	−1200 −1560	−600 −960	−360 −720	−210 −350	−125 −214	−62 −119	−18 −54	0 −25	0 −36	0 −57	0 −89	0 −140	0 −230
355	400	−1350 −1710	−680 −1040	−400 −760	−210 −350	−125 −214	−62 −119	−18 −54	0 −25	0 −36	0 −57	0 −89	0 −140	0 −230
400	450	−1500 −1900	−760 −1160	−440 −840	−230 −385	−135 −232	−68 −131	−20 −60	0 −27	0 −40	0 −63	0 −97	0 −135	0 −250
450	500	−1650 −2050	−840 −1240	−480 −880	−230 −385	−135 −232	−68 −131	−20 −60	0 −27	0 −40	0 −63	0 −97	0 −135	0 −250

注：带*者为优先选用的，其他为常用的。

数值（摘自 GB/T 1800.1—2020）　　　　　　　　　　　　（单位：μm）

		js	k	m	n	p	r	s	t	u	v	x	y	z
								等 级						
*11	12	*6	6	6	*6	*6	6	*6	6	*6	6	6	6	6
0/-60	0/-100	±3	+6/0	+8/+2	+10/+4	+12/6	+16/+10	+20/+14	—	+24/+18	—	+26/+20	—	+32/+26
0/-75	0/-120	±4	+9/+1	+12/+4	+16/+8	+20/+12	+23/+15	+27/+19	—	+31/+23	—	+36/+28		+43/+35
0/-90	0/-150	±4.5	+10/+1	+15/+6	+19/+10	+24/+15	+28/+19	+32/+23	—	+37/+28	—	+43/+34	—	+51/+42
0/-110	0/-180	±5.5	+12/-1	+18/+7	+23/+12	+29/+18	+34/+23	+39/+28	—	+44/+33	—	+51/+40	—	+61/+50
									—		+50/+39	+56/+45	—	+71/+60
0/-130	0/-210	±6.5	+15/+2	+21/+8	+28/+15	+35/+22	+41/+28	+48/+35	—	+54/+41	+60/+47	+67/+54	+76/+63	+86/+73
									+54/+41	+61/+48	+68/+55	+77/+64	+88/+75	+101/+88
0/-160	0/-250	±8	+18/+2	+25/+9	+33/+17	+42/+26	+50/+34	+59/+43	+64/+48	+76/+60	+84/+68	+96/+80	+110/+94	+128/+112
									+70/+54	+86/+70	+97/+81	+113/+97	+130/+114	+152/+136
0/-190	0/-300	±9.5	+21/+2	+30/+11	+39/+20	+51/+32	+60/+41	+72/+53	+85/+66	+106/+87	+121/+102	+141/+122	+163/+144	+191/+172
							+62/+43	+78/+59	+94/+75	+121/+102	+139/+120	+165/+146	+193/+174	+229/+210
0/-220	0/-350	±11	+25/+3	+35/+13	+45/+23	+59/+37	+73/+51	+93/+71	+113/+91	+146/+124	+168/+146	+200/+178	+236/+214	+280/+258
							+76/+54	+101/+79	+126/+104	+166/+144	+194/+172	+232/+210	+276/+254	+332/+310
0/-250	0/-400	±12.5	+28/+3	+40/+15	+52/+27	+68/+43	+88/+63	+117/+92	+147/+122	+195/+170	+227/+202	+273/+248	+325/+300	+390/+365
							+90/+65	+125/+100	+159/+134	+215/+190	+253/+228	+305/+280	+365/+340	+440/+415
							+93/+68	+133/+108	+171/+146	+235/+210	+277/+252	+335/+310	+405/+380	+490/+465
0/-290	0/-460	±14.5	+33/+4	+46/+17	+60/+31	+79/+50	+106/+77	+151/+122	+195/+166	+265/+236	+313/+284	+379/+350	+454/+425	+549/+520
							+109/+80	+159/+130	+209/+180	+287/+258	+339/+310	+414/+385	+499/+470	+604/+575
							+113/+84	+169/+140	+225/+196	+313/+284	+369/+340	+454/+425	+549/+520	+669/+640
0/-320	0/-520	±16	+36/+4	+52/+20	+66/+34	+88/+56	+126/+94	+190/+158	+250/+218	+347/+315	+417/+385	+507/+475	+612/+580	+742/+710
							+130/+98	+202/+170	+272/+240	+382/+350	+457/+425	+557/+525	+682/+650	+822/+790
0/-360	0/-570	±18	+40/+4	+57/+21	+66/+37	+98/+62	+144/+108	+226/+190	+304/+268	+426/+390	+511/+475	+626/+590	+766/+730	+936/+900
							+150/+114	+244/+208	+330/+294	+471/+435	+566/+530	+696/+660	+856/+820	+1036/+1000
0/-400	0/-630	±20	+45/+5	+63/+23	+80/+40	+108/+68	+166/+126	+272/+232	+370/+330	+530/+490	+635/+595	+780/+740	+960/+920	+1140/+1100
							+172/+132	+292/+252	+400/+360	+580/+540	+700/+660	+860/+820	+1040/+1000	+1290/+1250

附表12　　　　　　　　　　优先及常用配合孔的极限偏差

代号	A	B	C	D	E	F	G	H					
公称尺寸/mm								公差					
大于　至	11	11	*11	*9	8	8	*7	6	*7	*8	*9	10	*11
—　3	+330/+270	+200/+140	+120/+60	+45/+20	+28/+14	+20/+6	+12/+2	+6/0	+10/0	+14/0	+25/0	+40/0	+60/0
3　6	+345/+270	+215/+140	+145/+70	+60/+30	+38/+20	+28/+10	+16/+4	+8/0	+12/0	+18/0	+30/0	+48/0	+75/0
6　10	+370/+280	+240/+150	+170/+80	+76/+40	+47/+25	+35/+13	+20/+5	+9/0	+15/0	+22/0	+36/0	+58/0	+90/0
10　14	+400/+290	+260/+150	+205/+95	+93/+50	+59/+32	+43/+16	+24/+6	+11/0	+18/0	+27/0	+43/0	+70/0	+110/0
14　18	+400/+290	+260/+150	+205/+95	+93/+50	+59/+32	+43/+16	+24/+6	+11/0	+18/0	+27/0	+43/0	+70/0	+110/0
18　24	+430/+300	+290/+160	+240/+110	+117/+65	+73/+40	+53/+20	+28/+7	+13/0	+21/0	+33/0	+52/0	+84/0	+130/0
24　30	+430/+300	+290/+160	+240/+110	+117/+65	+73/+40	+53/+20	+28/+7	+13/0	+21/0	+33/0	+52/0	+84/0	+130/0
30　40	+470/+310	+330/+170	+280/+120	+142/+80	+89/+50	+64/+25	+34/+9	+16/0	+25/0	+39/0	+62/0	+100/0	+160/0
40　50	+480/+320	+340/+180	+290/+130	+142/+80	+89/+50	+64/+25	+34/+9	+16/0	+25/0	+39/0	+62/0	+100/0	+160/0
50　65	+530/+340	+380/+190	+330/+140	+174/+100	+106/+60	+76/+30	+40/+10	+19/0	+30/0	+46/0	+74/0	+120/0	+190/0
65　80	+550/+360	+390/+200	+340/+150	+174/+100	+106/+60	+76/+30	+40/+10	+19/0	+30/0	+46/0	+74/0	+120/0	+190/0
80　100	+600/+380	+440/+220	+390/+170	+207/+120	+126/+72	+90/+36	+47/+12	+22/0	+35/0	+54/0	+87/0	+140/0	+220/0
100　120	+630/+410	+460/+240	+400/+180	+207/+120	+126/+72	+90/+36	+47/+12	+22/0	+35/0	+54/0	+87/0	+140/0	+220/0
120　140	+710/+460	+510/+260	+450/+200	+245/+145	+148/+85	+106/+43	+54/+14	+25/0	+40/0	+63/0	+100/0	+160/0	+250/0
140　160	+770/+520	+530/+280	+460/+210	+245/+145	+148/+85	+106/+43	+54/+14	+25/0	+40/0	+63/0	+100/0	+160/0	+250/0
160　180	+830/+580	+560/+310	+480/+230	+245/+145	+148/+85	+106/+43	+54/+14	+25/0	+40/0	+63/0	+100/0	+160/0	+250/0
180　200	+950/+660	+630/+340	+530/+240	+285/+170	+172/+100	+122/+50	+61/+15	+29/0	+46/0	+72/0	+115/0	+185/0	+290/0
200　225	+1030/+740	+670/+380	+550/+260	+285/+170	+172/+100	+122/+50	+61/+15	+29/0	+46/0	+72/0	+115/0	+185/0	+290/0
225　250	+1110/+820	+710/+420	+570/+280	+285/+170	+172/+100	+122/+50	+61/+15	+29/0	+46/0	+72/0	+115/0	+185/0	+290/0
250　280	+1240/+920	+800/+480	+620/+300	+320/+190	+191/+110	+137/+56	+69/+17	+32/0	+52/0	+81/0	+130/0	+210/0	+320/0
280　315	+1370/+1050	+860/+540	+650/+330	+320/+190	+191/+110	+137/+56	+69/+17	+32/0	+52/0	+81/0	+130/0	+210/0	+320/0
315　355	+1560/+1200	+960/+600	+720/+360	+350/+210	+214/+125	+151/+62	+75/+18	+36/0	+57/0	+89/0	+140/0	+230/0	+360/0
355　400	+1710/+1350	+1040/+680	+760/+400	+350/+210	+214/+125	+151/+62	+75/+18	+36/0	+57/0	+89/0	+140/0	+230/0	+360/0
400　450	+1900/+1500	+1160/+760	+840/+440	+385/+230	+232/+135	+165/+68	+83/+20	+40/0	+63/0	+97/0	+155/0	+250/0	+400/0
450　500	+2050/+1650	+1240/+840	+880/+480	+385/+230	+232/+135	+165/+68	+83/+20	+40/0	+63/0	+97/0	+155/0	+250/0	+400/0

注：带*者为优先选用的，其他为常用的。

数值（摘自 GB/T 1800.1—2020） （单位：μm）

等级

12	JS		K			M	N		P		R	S	T	U
	6	7	6	7	8	7	6	7	6	*7	7	*7	7	*7
+100 / 0	±3	±5	0 / -6	0 / -10	0 / -14	2 / -12	-4 / -10	-4 / -14	-6 / -12	-6 / -16	-10 / -20	-14 / -24	—	-18 / -28
+120 / 0	±4	±6	2 / -6	+3 / -9	+5 / -13	0 / -12	-5 / -13	-4 / -16	-9 / -17	-8 / -20	-11 / -23	-15 / -27	—	-19 / -31
+150 / 0	±4.5	±7	+2 / -7	+5 / -10	+6 / -16	0 / -15	-7 / -16	-4 / -19	-12 / -21	-9 / -24	-13 / -28	-17 / -32	—	-22 / -37
+180 / 0	±5.5	±9	+2 / -9	+6 / -12	+8 / -19	0 / -18	-9 / -20	-5 / -23	-15 / -26	-11 / -29	-16 / -34	-21 / -39	—	-26 / -44
+210 / 0	±6.5	±10	+2 / -11	+6 / -15	+10 / -23	0 / -21	-11 / -24	-7 / -28	-18 / -31	-14 / -35	-20 / -41	-27 / -48	—	-33 / -54
													-33 / -54	-40 / -61
+250 / 0	±8	±12	+3 / -13	+7 / -18	+12 / -27	0 / -25	-12 / -28	-8 / -33	-21 / -37	-17 / -42	-25 / -50	-34 / -59	-39 / -64	-51 / -76
													-45 / -70	-61 / -86
+300 / 0	±9.5	±15	+4 / -15	+9 / -21	+14 / -32	0 / -30	-14 / -33	-9 / -39	-26 / -45	-21 / -51	-30 / -60	-42 / -72	-55 / -85	-76 / -106
											-32 / -62	-48 / -78	-64 / -94	-91 / -121
+350 / 0	±11	±17	+4 / -18	+10 / -25	+16 / -38	0 / -35	-16 / -38	-10 / -45	-30 / -52	-24 / -59	-38 / -73	-58 / -93	-78 / -113	-111 / -146
											-41 / -76	-66 / -101	-91 / -126	-131 / -166
+400 / 0	±12.5	±20	+4 / -21	+12 / -28	+20 / -43	0 / -40	-20 / -45	-12 / -52	-36 / -61	-28 / -68	-48 / -88	-77 / -117	-107 / -147	-155 / -195
											-50 / -90	-85 / -125	-119 / -159	-175 / -215
											-53 / -93	-93 / -133	-131 / -171	-195 / -235
+460 / 0	±14.5	±23	+5 / -24	+13 / -33	+22 / -50	0 / -46	-22 / -51	-14 / -66	-41 / -70	-33 / -79	-60 / -106	-105 / -151	-149 / -195	-219 / -265
											-63 / -109	-113 / -159	-163 / -209	-241 / -287
											-67 / -113	-123 / -169	-179 / -225	-267 / -313
+520 / 0	±16	±26	+7 / -29	+16 / -36	+25 / -56	0 / -52	-25 / -57	-14 / -66	-47 / -79	-36 / -88	-74 / -126	-138 / -190	-198 / -250	-295 / -347
											-78 / -130	-150 / -202	-220 / -272	-330 / -382
+570 / 0	±18	±28	+7 / -29	+17 / -40	+28 / -61	0 / -57	-26 / -62	-16 / -73	-51 / -87	-41 / -98	-87 / -144	-169 / -226	-247 / -304	-369 / -426
											-93 / -150	-187 / -244	-273 / -330	-414 / -471
+630 / 0	±20	±31	+8 / -32	+18 / -45	+29 / -68	0 / -63	-27 / -67	-17 / -80	-55 / -95	-45 / -108	-103 / -166	-209 / -272	-307 / -370	-467 / -530
											-109 / -172	-229 / -292	-337 / -400	-517 / -580

参 考 文 献

[1] 闻邦椿. 机械设计手册[M]. 北京：机械工业出版社，2017.

[2] 王燕，等. 机械制图[M]. 长春：吉林大学出版社，2016.

[3] 黄建兰. 机械制图[M]. 北京：人民邮电出版社，2015.

[4] 欧阳波仪. 机械制图与识图[M]. 东营：中国石油大学出版社，2017.

[5] 王冰，等. 机械制图[M]. 南京：东南大学出版社，2016.

[6] 唐整生，等. 机械制图与计算机绘图[M]. 武汉：武汉理工大学出版社，2014.

[7] 邵娟琴. 机械制图与计算机绘图[M]. 北京：北京邮电大学出版社，2015.

[8] 吴佩年. 机械制图使用手册[M]. 北京：化学工业出版社，2019.

[9] CAD 辅助设计教育研究室. AutoCAD 2018 实战从入门到精通[M]. 北京：人民邮电出版社，2019.

[10] CAD 辅助设计教育研究室. AutoCAD 2018 机械设计从入门到精通[M]. 北京：人民邮电出版社，2019.